职业教育**新形态**教材

国家级教学资源库配套教材

航空典型零件
多轴数控编程技术

HANGKONG DIANXING LINGJIAN
DUOZHOU SHUKONG BIANCHENG JISHU

邓中华　黄登红　邓元山　主编

化学工业出版社

·北京·

内 容 简 介

本书通过8个典型项目系统、全面介绍了利用UG NX软件进行四轴加工编程、五轴加工编程的相关知识，并提供了18种刀轴和投影矢量使用方法，为以后适应相关工作岗位要求及能力奠定基础。本书教学案例来源于企业，所有的案例实施过程都有微课示范。同时配套了电子课件、电子任务实施工作手册和电子拓展练习工作手册、任务案例模型源文件、拓展练习模型源文件、测试习题参考答案等丰富的数字资源。

本教材可作为职业院校飞行器、航空发动机等相关专业的教材，也可作为航空制造与维修企业相关工程技术人员的培训用书和参考书。

图书在版编目（CIP）数据

航空典型零件多轴数控编程技术/邓中华，黄登红，邓元山主编. —北京：化学工业出版社，2021.10（2024.6重印）
职业教育新形态教材
ISBN 978-7-122-40157-1

Ⅰ.①航… Ⅱ.①邓… ②黄… ③邓… Ⅲ.①航空-零部件-程序设计-职业教育-教材 Ⅳ.①V26

中国版本图书馆CIP数据核字（2021）第214247号

责任编辑：韩庆利　　装帧设计：王晓宇
责任校对：杜杏然

出版发行：化学工业出版社（北京市东城区青年湖南街13号　邮政编码100011）
印　　装：中煤（北京）印务有限公司
787mm×1092mm　1/16　印张12½　字数248千字　2024年6月北京第1版第3次印刷

购书咨询：010-64518888　　售后服务：010-64518899
网　　址：http://www.cip.com.cn
凡购买本书，如有缺损质量问题，本社销售中心负责调换。

定　　价：39.80元

编审人员名单

主　　编　邓中华　黄登红　邓元山

副 主 编　吴云锋　吕勤云　高　伟　夏　旺

参　　编　陈　洁　殷海眯　朱小姣　张克昌　谢　维

主　　审　许爱军

合作企业　中国航发南方工业有限公司

湖南云箭集团有限公司

航空工业长沙五七一二飞机工业有限责任公司

前言

PREFACE

随着制造业的迅速发展，零件的复杂程度越来越高，加工质量的要求也越来越高，加工难度也越来越大。激烈的市场竞争要求产品研制的生产周期也越来越短，传统的加工设备和制造方法不能适应这种多样化、柔性化和复杂形状零件的高效率和高质量的加工要求。多轴数控加工技术，使这一难题得到有效的解决。同时，多轴数控加工技术在当今制造业中的比重也越来越大，并以其高效率和高精度等特点在航空航天等行业企业中得到了越来越广泛的运用。

本书坚持立德树人，弘扬爱国主义精神、工匠精神，注重素质培养。书中通过6个航空典型零件以及2个入门级的普通零件，系统、全面地介绍了利用UG NX软件进行四轴加工编程、五轴加工编程的相关知识以及提供的18种刀轴和投影矢量使用方法，为以后适应相关工作岗位要求及能力奠定基础。本书在编写过程中重点考虑了以下几个方面。

1. 教材案例体现了先进性和典型性

本书的6个航空典型零件由中国航发南方航空工业有限公司首席技能大师邓元山团队提供，并根据教学要求由编程团队进行教学化改造。教学案例来源于企业真实工件，从零件特点到编程方法再到编程技巧等方面体现了先进性和典型性。

2. 教材形式新颖，并配套国家级资源库

本书区别于传统的教材，所有的知识点都有相关的视频详解，所有的案例实施过程都有微课示范，并配套有电子课件、电子任务实施工作手册和电子拓展练习工作手册。同时在长沙航空职业技术学院飞行器制造专业国家级教学资源库（微知库）教学平台上进行了多期的开课，丰富的教学资源、成熟的在线课程，方便教师开展“线上＋线下”混合式教学，也有助于学习者自学。

3. 教学设计体现了工作过程

本书编写过程充分体现了以企业真实工作过程为主线的编写形式，并站在学习者的角度进行教学设计、教材编写和资源开发。

4. “岗课赛证”一体化全流程设计

教材内容将企业典型工作岗位任务、技能竞赛项目、X证书有机融合，从零件分析、工艺编制、编程准备、模型处理、程序编制、编程验证、修改优化等过程一体化设计课程内容。

5. 教材内容考虑全面性和实用性

本书以典型的航空零件为载体，对以UG NX软件工具的多轴编程的模型处理、编程方法选用、刀轴含义及适用特点，以及相关编程技巧等方面内容进行了系统、全面介绍。既可以作为多轴数控编程人员的入门教材，也可作为有一定多轴编程基础人员的提高教材。

6. 优秀的教学团队

本书邀请了相关职业院校长期从事多轴编程加工的老师和具有丰富实践经验的航空企业专家，共同组建了实力雄厚的编写团队，在教材全面性、系统性、实践性等方面进行了大量的研讨。

参与编写的人员有：长沙航空职业技术学院邓中华、黄登红、吴云锋、吕勤云、陈洁、殷海眯、朱小姣，湖南财经工业职业技术学院高伟，湖南铁道职业技术学院张克昌，湖南电气职业技术学院谢维，中国航发南方工业有限公司邓元山，湖南云箭集团有限公司夏旺。全书由航空工业长沙五七一二飞机工业有限责任公司许爱军主审，邓中华统稿和定稿。

邓中华长期进行多轴加工编程的教学和研究，获得第八届全国数控技能大赛加工中心（五轴）项目一等奖，获得“全国技术能手”称号；黄登红长期进行机械制造方面的教学和研究，教授、湖南省芙蓉教学名师、长沙航空职业技术学院飞行器制造专业国家级教学资源库主持人；邓元山是中国航发南方航空工业有限公司首席技能大师，多轴加工制造方面的技术专家。其他团队成员都有着丰富的机械制造方面的教学和研究经历。

本书配套数字化资源由课程团队共同开发。课程思政内容由获得全国高校思想政治理论课教学展示一等奖的朱小姣老师负责搜集、整理。在教材编写的过程中，还得到了湖南通用航空发动机有限公司黄茹大师、成都航空职业技术学院林盛老师的帮助和指导，在此向他们表示衷心的感谢。同时在本书的编写过程中，还参考了许多专家的研究成果和有关文献资料，在此也一并向他们表示衷心的感谢。

由于时间仓促、编者水平和经验有限，书中难免有疏漏和不妥之处，恳请读者批评指正。

编　者

教学资源库《多轴数控加工技术》课程链接地址

目录

CONTENTS

模块一　四轴加工编程

模块二　五轴加工编程

模块一 四轴加工编程

圆柱凸轮的四轴加工编程

项目导入

圆柱凸轮项目设置目的

圆柱凸轮的四轴加工编程作为本教材的第一个项目，其主要目的是通过一个相对简单的案例让学习者能够理解多轴加工编程中四轴编程的基本方法，能消除学习者对多轴编程的畏难情绪，为后续的学习树立信心、激发兴趣。

拟实现的教学目标

素质目标

1. 具有严谨、细致、精益求精的工匠精神；
2. 具有高度的责任意识、质量意识、安全意识等职业素养。

知识目标

1. 了解 UG 四轴加工刀路基础知识；
2. 理解并掌握 UG 曲线/点驱动方法的特点及应用；
3. 理解并掌握远离直线刀轴及朝向直线投影矢量的含义；
4. 掌握多重切深的含义及设置方法。

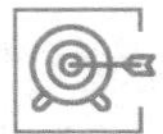

能力目标

1. 能运用 UG 曲线/点驱动方法进行程序编制；

2. 能运用远离直线刀轴及朝向直线投影矢量完成程序编制；

3. 能进行多重切深的设置；

4. 能实施圆柱凸轮零件的四轴铣削编程。

对接“1+X”多轴数控加工职业技能等级证书标准（初级）技能要求：

1. 能使用机械加工工艺手册，执行四轴加工工艺规程，完成加工工艺分析；

课程思政——工匠精神

2. 能根据加工零件及数控机床的特点，运用数控加工刀具的理论知识，合理选择刀具的切削用量；

3. 能根据零件特点及工作任务要求，使用CAD/CAM软件，完成四轴加工编程。

讨论：谈谈自己对工匠精神的感悟，即在学习以及将来的工作岗位中哪些方面践行工匠精神？

下达任务

任务描述

加工如图1-1所示零件，毛坯为ϕ30mm×25mm棒料，材料为铝合金。要求按单件生产设计其数控加工工艺方案，利用CAM软件（UG）编制该零件的数控程序。

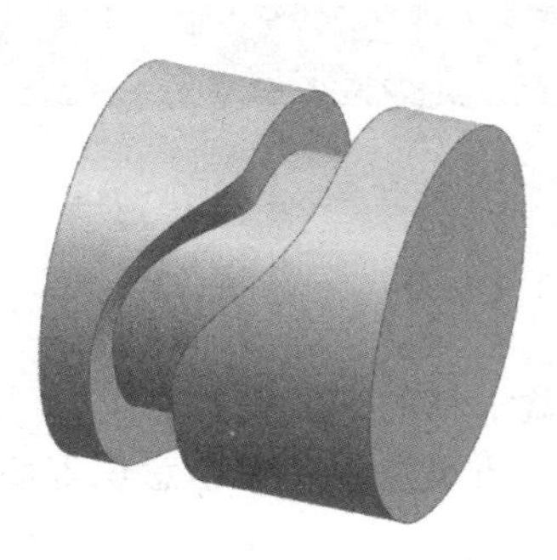

图1-1 圆柱凸轮

知识准备

【知识点一】 四轴加工机床结构

四轴加工中心是指除了X、Y、Z三个直线运动轴以外，还增加了一个旋转运动轴。而立式加工中心通常增加的旋转轴是绕着X轴旋转的A轴，如图1-2所示。卧式加工中心通常增加的旋转轴是绕着Y轴旋转的B轴如图1-3所示。

图 1-2　立式四轴机床结构

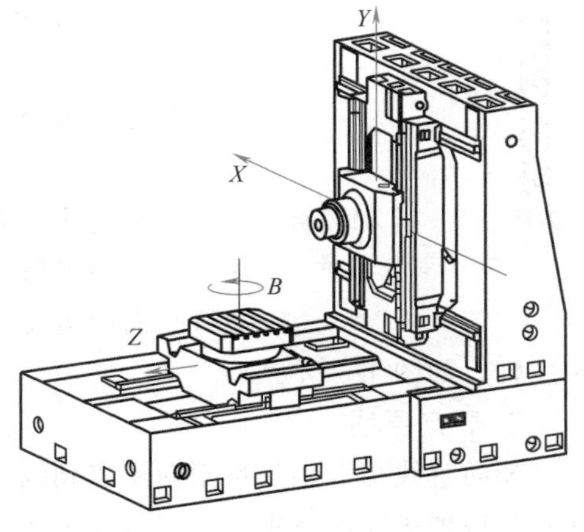

图 1-3　卧式四轴机床结构

【知识点二】　UG 多轴编程常用驱动方法

驱动方法是创建刀轨所需的驱动点。某些驱动方法允许一条曲线创建一串驱动点，而其他驱动方法允许在边界内或在所选曲面上创建驱动点阵列。驱动点一旦定义，就可用于创建刀轨。如果没有选择“部件”几何体，则刀轨直接从“驱动点”创建。否则，驱动点投影到部件表面以创建刀轨。

选择合适的驱动方法，应该由希望加工的表面的形状和复杂性以及刀轴和投影矢量要求决定。所选的驱动方法决定可以选择的驱动几何体的类型，以及可用的投影矢量、刀轴和切削类型。UG 多轴编程常用驱动方法见表 1-1。

表 1-1　UG 多轴编程常用驱动方法

曲线/点	通过指定点和选择曲线来定义驱动几何体
曲面	定义位于“驱动曲面”栅格中的驱动点阵列
流线	根据选中的几何体来构建虚拟驱动曲面。流线驱动方法可以灵活地创建刀轨，面栅格无需进行整齐排列
清根	沿部件表面形成的凹角和凹部生成驱动点
文本	选择注释并指定要在部件上雕刻文本的深度

【知识点三】　UG 四轴加工常用刀轴

UG CAM 中刀轴可以是“固定”和“可变”方位。“固定刀轴”将保持与指定矢量平行。“可变刀轴”在沿刀轨移动时将不断改变方向。如图 1-4 所示。

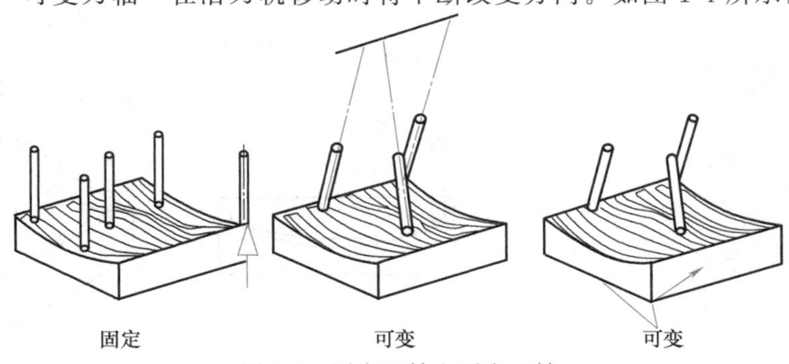

图 1-4　固定刀轴和可变刀轴

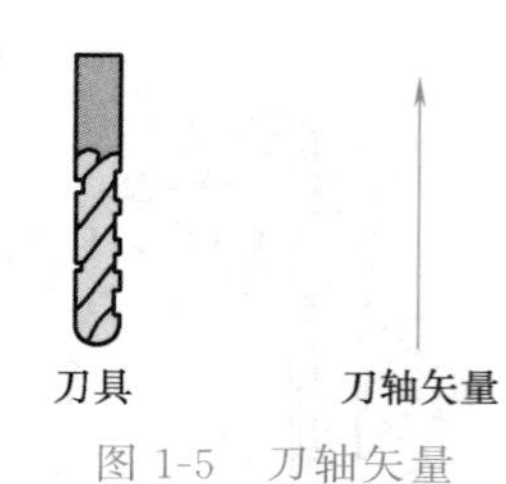

图 1-5　刀轴矢量

“刀轴”是指从刀尖方向指向机床主轴方向的矢量。如图 1-5 所示。

下面就本项目四轴加工所用的刀轴进行说明：

1. 远离直线

远离直线指刀轴矢量反向聚焦到线的“可变刀轴”。“刀轴”反向沿聚焦线移动，同时与该聚焦线保持垂直。刀具在平行平面间运动。“刀轴矢量”从定义的聚焦线离开并指向机床主轴，如图 1-6 所示。

远离、朝向直线刀轴

2. 朝向直线

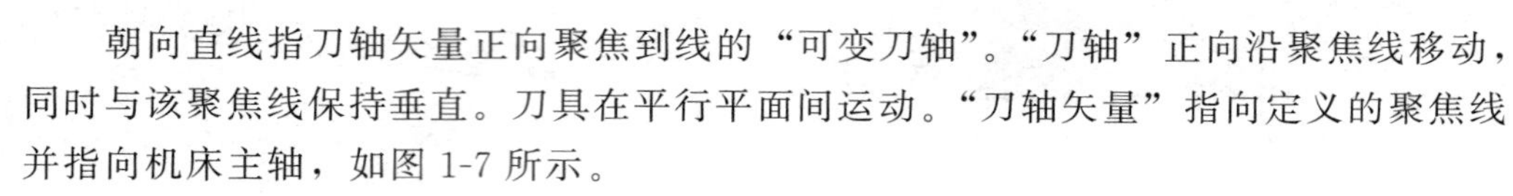

朝向直线指刀轴矢量正向聚焦到线的“可变刀轴”。“刀轴”正向沿聚焦线移动，同时与该聚焦线保持垂直。刀具在平行平面间运动。“刀轴矢量”指向定义的聚焦线并指向机床主轴，如图 1-7 所示。

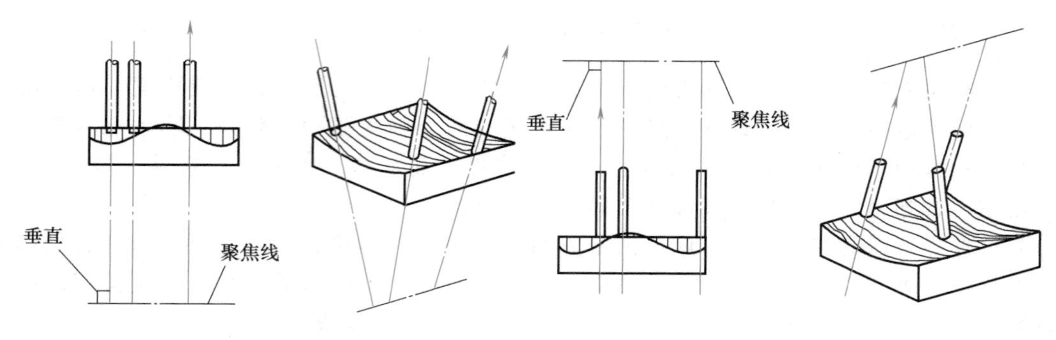

图 1-6　使用往复切削类型的远离直线的刀轴　　图 1-7　使用往复切削类型的朝向直线刀轴

投影矢量

【知识点四】　UG 四轴加工常用投影矢量

投影矢量是指将没有指定部件之前，通过各种驱动方法得到的刀路按照指定的投影矢量方式附着到部件上，从而获得新的对部件进行切削的刀路。

下面就 UG 四轴加工常用的投影矢量进行说明：

投影矢量

刀轴根据现有的“刀轴”定义一个“投影矢量”。使用“刀轴”时，“投影矢量”总是指向“刀轴矢量”的相反方向。如图 1-8 所示。

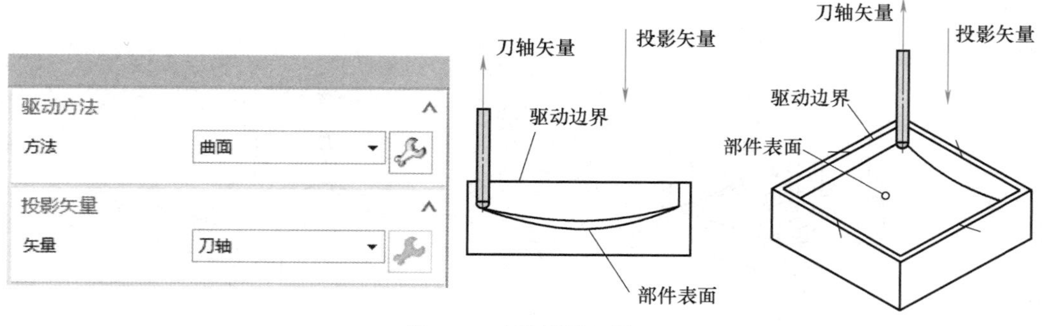

图 1-8　刀轴投影矢量

1. 远离直线

远离直线是创建从指定的直线延伸至部件表面的“投影矢量”。“投影矢量”作为从中心线延伸至“部件表面”的垂直矢量进行计算。此选项有助于加工内部圆柱面，其中指定的直线作为圆柱中心线。刀具位置将从中心线移到“部件表面”的内侧。如图 1-9 所示。

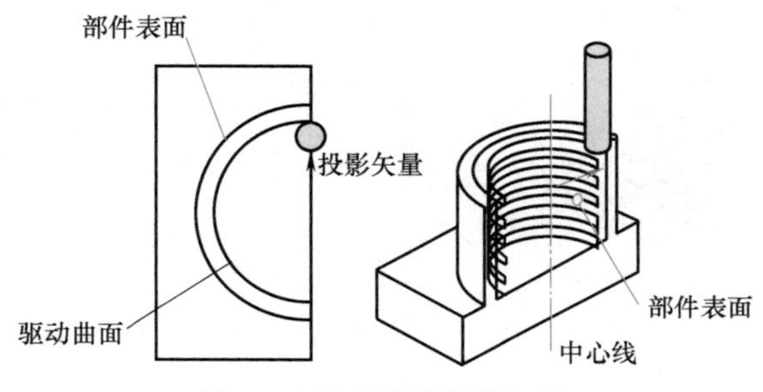

图 1-9　远离直线投影矢量

2. 朝向直线

朝向直线是创建从“部件表面”延伸至指定线的“投影矢量”。此选项有助于加工外部圆柱面，其中指定的直线作为圆柱中心线。如图 1-10 所示。

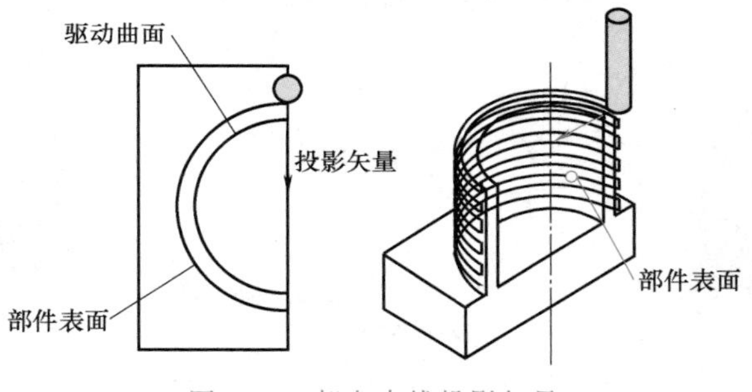

图 1-10　朝向直线投影矢量

【知识点五】　多重深度切削的设置

通过逐渐地趋向部件几何体进行加工，一次加工一个切削层，来去除一定量的材料。部件余量偏置为零件被加工表面至毛坯表面的材料厚度。如图 1-11 所示。

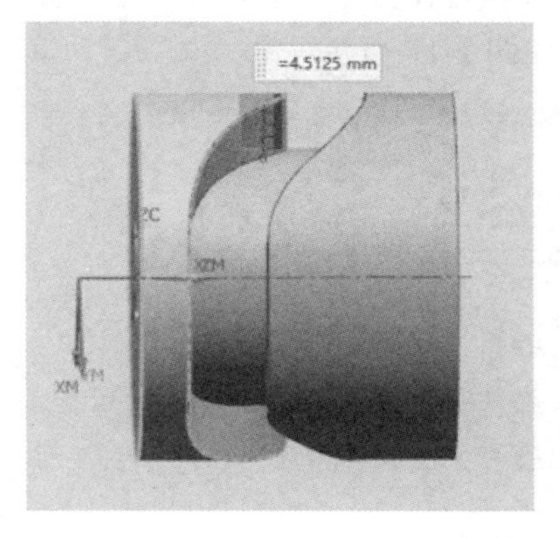

图 1-11　多重深度切削部件余量偏置

多重深度切削注意事项：多重深度切削的参考对象是部件几何体（即部件余量偏置），所以多重深度切削的正确设置与部件几何体的选择有直接关系。

① 部件几何体选择为零件实体：当部件几何体选择为被加工零件实体时，需要指定切削区域作为多重深度切削的参考对象。如图 1-12 所示。

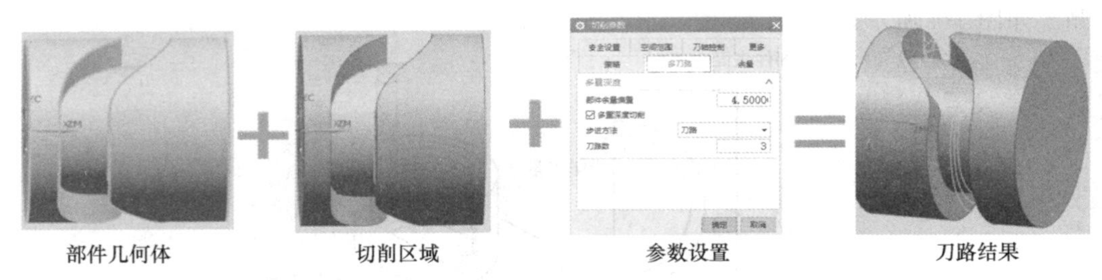

图 1-12　部件几何体选择为零件实体

② 部件几何体选择为面：当部件几何体选择为被加工面时，则不需要指定切削区域。部件几何体（面）直接作为多重深度切削的参考对象。如图 1-13 所示。

通过以上两种方法中的任意一种方法设定好了“部件余量偏置”这一参数后，就要考虑余量偏置材料需要怎样分层去除，即如何设置参数“步进方法”。

图 1-13　部件几何体选择为面

（1）步进方法：增量

指定切削层之间的最大距离。即要创建多少条刀路。如果指定的增量不能平均分割要去除的余量偏置，则缩小最后一条刀路的增量，如图 1-14 所示。

（2）步进方法：刀路

指定切削层数。即要创建多少层刀路。根据指定的刀路数平均分割要去除的余量偏置，如图 1-15 所示。

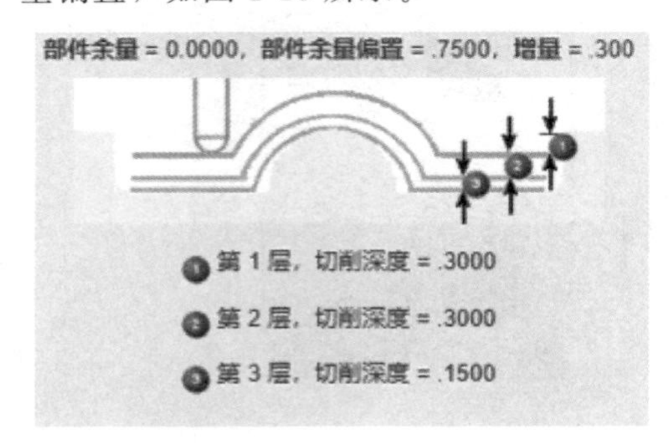

图 1-14　步进方法增量

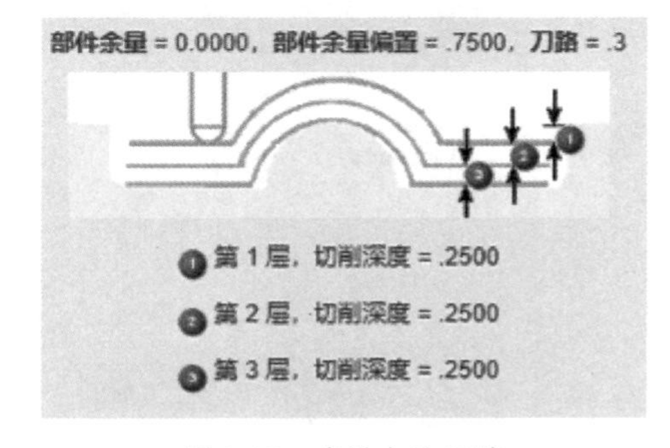

图 1-15　步进方法刀路

【知识点六】　铝合金切削特性及切削用量

铝合金是以铝为基的合金总称，主要合金元素有 Cu、Si、Mg、Sn，次要有镍、钛、铬、锂等。铝合金密度低，塑性好可加工成型材，具有优良导电性、导热性和抗腐蚀性，添加一定元素形成的合金在保持纯铝质轻等优点的同时还能具有较高的强度，成为理想的结构材料。广泛用于机械制造、运输机械、动力机械及航空工业等方面，飞机的机身、蒙皮、压气机等常以铝合金制造，以减轻自重。采用铝合金代替钢板材料的焊接，结构重量可减轻 50%以上。

工业铝合金零件的加工对刀具有很高的要求，尤其是航空工业中的铝合金，刀具在具有高性价比的同时还必须满足高质量加工的需求。由于整体硬质合金刀具具有非常锋利的切削刃和槽型，其在铝合金精加工中切削力小，并且具有容屑空间大，排屑顺畅等优点，因此整体硬质合金刀具逐渐取代了传统的高速钢刀具。

由于铝合金强度和硬度相对较低，塑性较小，对刀具磨损小，且热导率较高，使切削温度较低，所以铝合金的切削加工性较好，属易加工材料，切削速度较高，适于高速切削。但铝合金熔点较低，温度升高后塑性增大，在高温高压作用下，切削界面摩擦力很大，容易粘刀；特别是退火状态的铝合金，不易获得小的表面粗糙度。为了获得光洁的工件表面，尽可能采用粗切削和精切削的组合，因为各种合格的工件毛坯总会有一些氧化层，致使刀具受到相当程度的磨损。如果最后切削工序采用抛光过的锋利刀具进行精细切削，就能达到以上要求。加工铝合金材料铣削及钻削切削参数见表 1-2、表 1-3。

表 1-2　铣削铝合金切削参数表

铣削类别	刀具材料	材料状态	切削速度/(m/min)	进给量/(mm/r)	切削深度 a_p/mm	冷却液
粗铣	高速钢	1	300～600	0.1～0.5	≤0.4	水
		2	150～400	0.1～0.5	≤0.4	乳液
	硬质合金	1	≤2500	0.1～0.6	≤0.4	水
		2	300～800	0.1～0.6	≤0.4	水
精细	高速钢	1	≤1500	0.03～0.1	≤0.5	乳液
		2	250～800	0.03～0.1	≤0.5	乳液或油
	硬质合金	1	≤3000	0.03～0.1	≤0.5	乳液
		2	500～1500	0.03～0.1	≤0.5	乳液或油

注：材料状态：1 类是指工业纯铝和硬度小于 80HB 的退火状态铝合金；2 类是指淬火时效状态的变形铝合金。

表 1-3　钻削铝合金切削参数表

刀具材料	材料状态	切削速度/(m/min)	进给量/(mm/r)	冷却液
高速钢	1	100～120	0.02～0.5	乳液
	2	80～100	0.02～0.5	乳液
硬质合金	1	200～300	0.06～0.3	乳液
	2	100～200	0.06～0.3	乳液

注：材料状态：1 类是指工业纯铝和硬度小于 80HB 的退火状态铝合金；2 类是指淬火时效状态的变形铝合金。

【知识点七】 四轴机床的对刀

四轴机床的对刀跟三轴铣床的对刀原理相同，唯一不同的是，四轴铣床多了一个旋转轴。

（1）*X* 方向对刀

四轴加工中心在编程时坐标原点为避免干涉四轴卡盘，通常选择在工件的左端面（机床四轴在右侧）。但要注意的是 *X* 方向对刀时，刀具要向右侧偏置一个刀具半径。如图 1-16 所示。

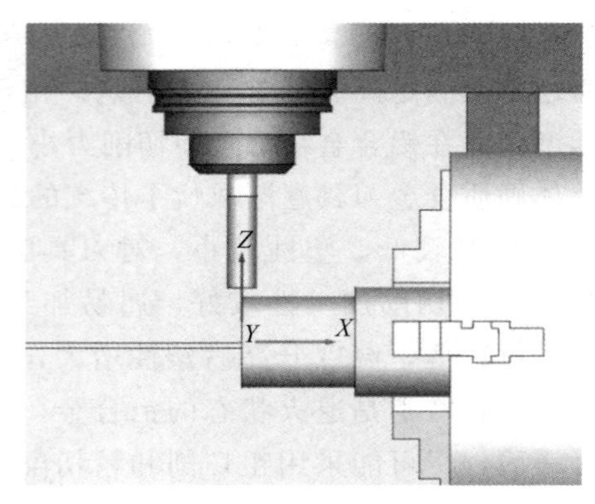

图 1-16 *X* 方向对刀

（2）*Y* 方向对刀

此方向在对刀时，要注意的是刀具在 *Y* 轴的正、负方向与工件接触时，要保证刀具的下断面要超过工件的直径位置，并且保证 *Z* 坐标值一致。如图 1-17 和图 1-18 所示。

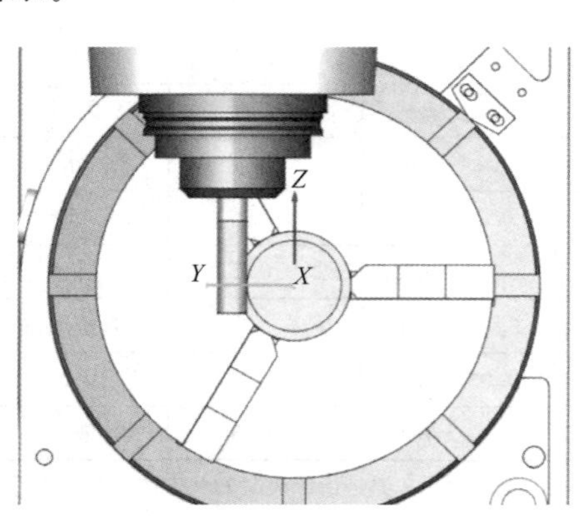

图 1-17 刀具在 *Y* 正方向位置

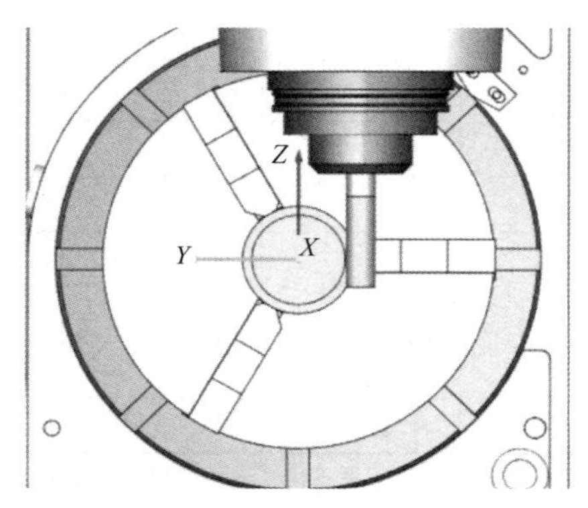

图 1-18 刀具在 *Y* 负方向位置

（3）*Z* 方向对刀

Z 方向对刀时，要注意中心高的值，中心高是指四轴中心距离机床工作台在 *Z* 方向的高度值。如图 1-19 所示。

四轴机床在 *Z* 方向对刀时，先测出四轴中心高，知道了中心高就能够用三轴机床对刀的方法进行 *Z* 轴对刀。

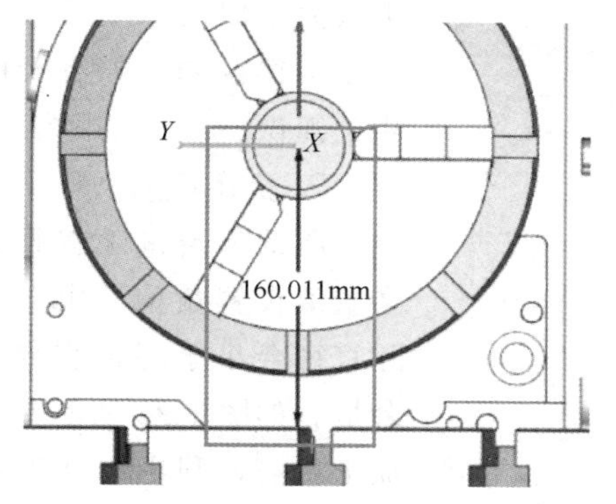

图 1-19 四轴中心高

中心高的测量通常用打表的方法，通过百分表在工件 Y 方向的前、后移动找到工件在 Z 方向的最高位置，如图 1-20 所示。然后百分表接触到机床工作台，保证百分表的压缩量和在工件 Z 方向的最高数值一致，如图 1-21 所示。两个位置在 Z 方向差值的绝对值即为四轴中心高。

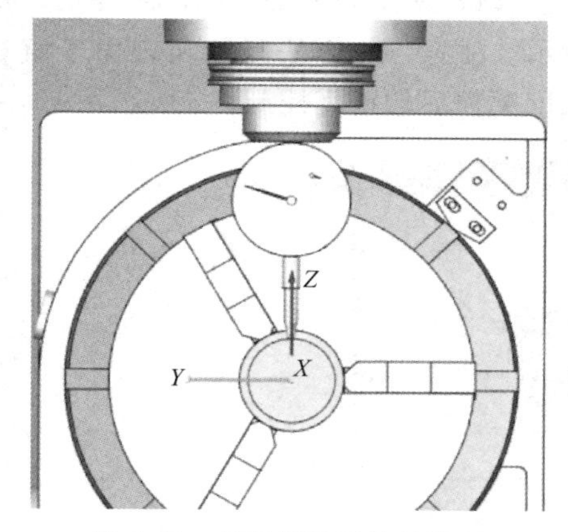

图 1-20 打表接触工件最高点

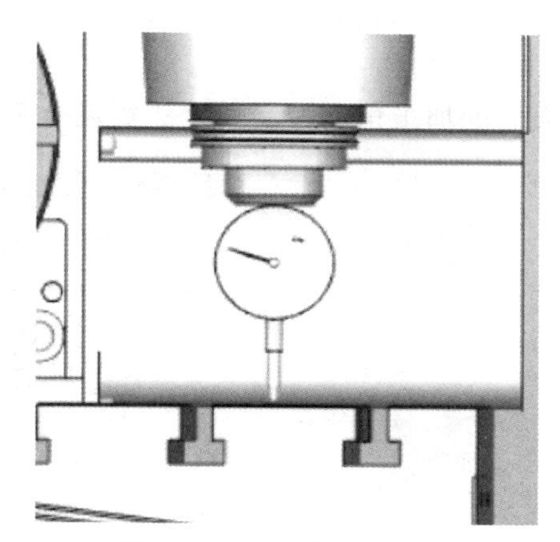
图 1-21 打表接触工作台

知识点交流： 简述四轴中心高的测量方法。

【知识点八】 四轴加工刀具磨损后加工精度的控制

在机械加工时，刀具一方面切下切屑，刀具本身也会逐渐磨损，这必然导致工件的尺寸发生变化，影响工件的加工质量。

在铣削加工时，由于刀具磨损后控制加工精度的方法一般有以下几种：刀具补偿法（半径及长度补偿）、负余量法、修改刀具直径法、在线测量法等。

1. 刀具补偿法

对于四轴定轴加工时的二维平面轮廓的精度控制可以采用刀具半径补偿指令 G41、G42 实现。

在四轴自动编程时，对于 Z 方向由于刀具磨损的情况可使用 G43、G44 实现。一般情况下在四轴自动编程后处理时都有长度补偿指令出现（如没有可在下刀过程

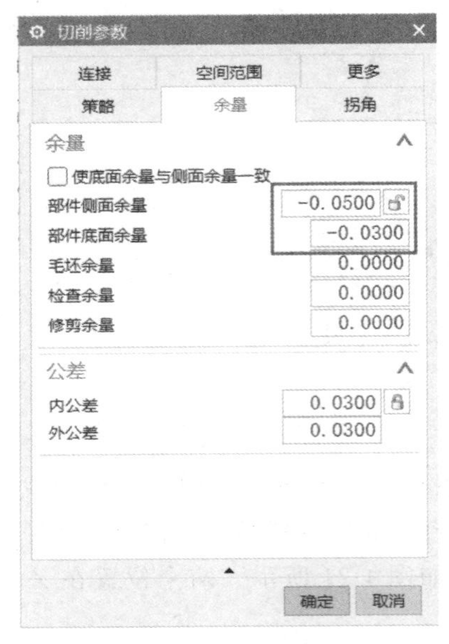

图 1-22 侧面、底面负余量

中人为添加）。对于刀具补偿法的具体使用方法此处不作说明。如有疑问可参考手工编程技术相关知识。

2. 负余量法

所谓负余量法就是在 NX 自动编程时，将余量值设置负值。由于刀具磨损后，刀具的实际直径会小于理论直径，所以此时必须设置负余量。如图 1-22 所示。使用此方法，必须在精加工之前，利用粗加工或半精加工之后的测量尺寸结果，计算出由于刀具磨损后的负余量值。

3. 修改刀具直径法

此方法与负余量法的原理相同，也是通过粗加工或半精加工之后的测量尺寸结果，计算出刀具的直径磨损量，然后得到刀具的实际直径值，通过修改编程刀具的直径值实现。如图 1-23 所示。注意：此方法只能实现由于直径磨损后的加工精度控制，无法实现由于刀具长度磨损后的精度控制。

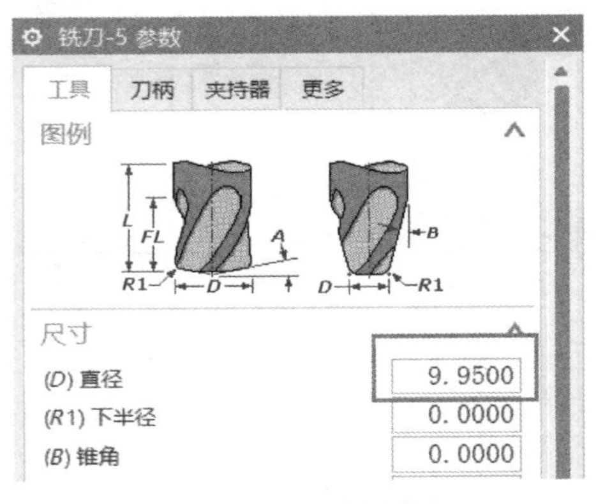

图 1-23 刀具实际直径

4. 在线测量法

在线测量技术是指零件在加工的过程中通过在线测量系统保持零件位置不变，直接进行测量的一项技术。通常情况下，该技术是通过数控机床开发和集成测量系统来实现，且贯穿于整个机械加工过程，有助于优化机械加工工艺和保证零件质量。目前，随着机械加工技术的发展，传统的测量工具无论是在测量效率还是在测量精度上都存在一定的局限性，制约了机械加工技术的发展。因此，机械加工在线测量技术在企业越来越多地得到应用。

任务实施工作手册

教学模块	模块一　四轴加工编程
项目名称	项目一　圆柱凸轮的四轴加工编程
工作环境	计算机、UG NX 软件

一、任务描述

加工如图 1-1 所示零件，毛坯为 ϕ30mm × 25mm 棒料，材料为铝合金（AL7075）。要求：

① 按单件生产设计其数控加工工艺方案；

② 利用 CAM 软件（UG）编制该零件的数控程序。

模型文件导入方法

二、任务分析与实施

1. 工艺分析

通过对零件的分析可知，此零件可以用 UG 四轴加工方法完成。主要加工内容为凸轮槽的底面和侧面。通过分析可知轮槽宽度约为 6.26mm，因而开粗时刀具直径必须小于槽宽；轮槽的底面与侧面没有圆角，所以加工该零件应使用平底立铣刀。此圆柱凸轮的加工工艺方案见表 1-4。

零件分析与准备工作

2. 加工工艺方案及刀具的确定（表 1-4）

表 1-4　数控加工工序卡片

<table>
<tr><td colspan="3" rowspan="2">数控加工工序卡片</td><td>产品名称</td><td>零件名称</td><td>材料</td><td colspan="3">零件图号</td></tr>
<tr><td>圆柱凸轮</td><td>圆柱凸轮</td><td>AL7075</td><td colspan="3">CSHY-FDJ-01</td></tr>
<tr><td>工序</td><td>数铣</td><td>夹具名称</td><td>SXZY-01</td><td colspan="2">使用设备</td><td colspan="3">VMC850</td></tr>
<tr><td>工步号</td><td colspan="2">工步内容</td><td>刀具类型</td><td>刀具直径/mm</td><td>主轴转速/(r/min)</td><td>进给速度/(mm/min)</td><td>刀具名称</td><td>操作名称</td></tr>
<tr><td>1</td><td colspan="2">圆柱凸轮槽粗加工</td><td>立铣刀</td><td>ϕ6</td><td>4000</td><td>1400</td><td>D6</td><td>1</td></tr>
<tr><td>2</td><td colspan="2">凸轮槽侧面精加工</td><td>立铣刀</td><td>ϕ4</td><td>6000</td><td>3000</td><td>D4</td><td>2</td></tr>
<tr><td>3</td><td colspan="2">凸轮槽底面精加工</td><td>立铣刀</td><td>ϕ4</td><td>6000</td><td>3000</td><td>D4</td><td>3</td></tr>
</table>

3. 各工步实施过程及关键加工参数设置

（1）圆柱凸轮零件分析与准备工作

① 零件分析

通过分析距离和直径，知道圆柱凸轮的总长为 25mm，外围圆柱直径为 ϕ30，凸轮槽宽为 6.26mm，凸轮槽底部直径为 ϕ21。

② 准备工作

毛坯创建：通过拉伸圆柱凸轮端面圆曲线，创建 ϕ30mm×25mm 的圆柱毛坯。

坐标系创建：进入加工模块，将“工序导航器”切换至“几何视图”。设置加工坐标系的 X 轴与圆柱凸轮的轴线重合。

刀具创建：创建名称为 D6 和 D4 的平底立铣刀。

(2) 圆柱凸轮槽粗加工

① 创建驱动曲线

进入建模环境，选择命令“插入/派生曲线/在面上偏置”，如图 1-24 所示。

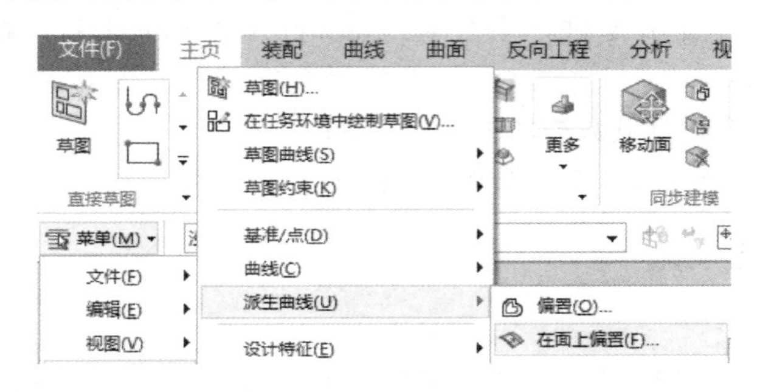

图 1-24　在面上偏置曲线

在弹出的对话框中选中凸轮侧面与底面的交线，然后在“偏置 1”中输入偏置值或公式“6.2636/2”，然后点击鼠标中键并选择偏置的面即凸轮槽的底面，此时就会产生出一条曲线即加工时所需要的驱动曲线。点击确定。如图 1-25 所示。

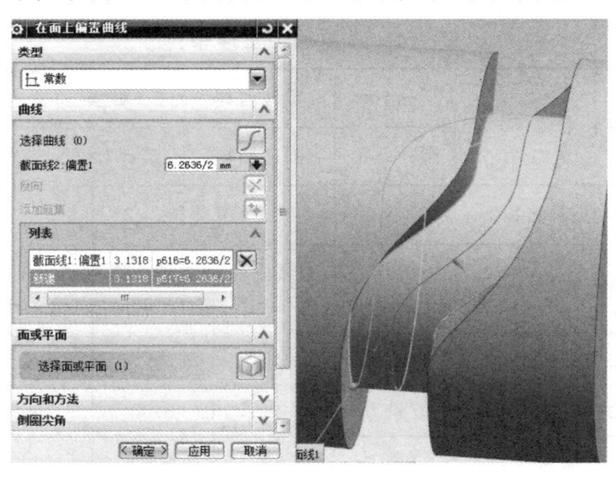

图 1-25　在面上偏置出的驱动曲线

② 创建操作

进入 UG 加工环境。设置 UG 加工环境，CAM 会话配置选择“cam general”，要创建的 CAM 设置选择“mill_multi-axis”，如图 1-26 所示。

单击“创建工序”，选择类型为“mill_multi-axis”，工序子类型为“可变轮廓铣”，刀具选择“D6”，几何体选择“WORKPIECE”。

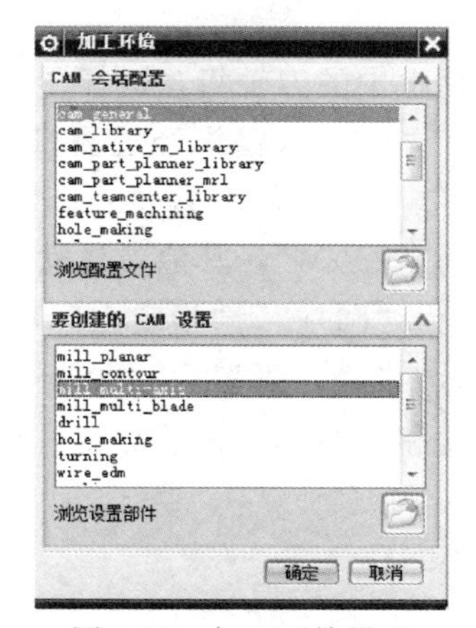

图 1-26　加工环境设置

③ 可变轮廓铣部件设置

单击确定，进入可变轮廓铣对话框，设置部件。单击“指定部件”即图标，进入“部件几何体”选择对话框，然后选择圆柱凸轮槽底面，如图 1-27 所示。单击确定。

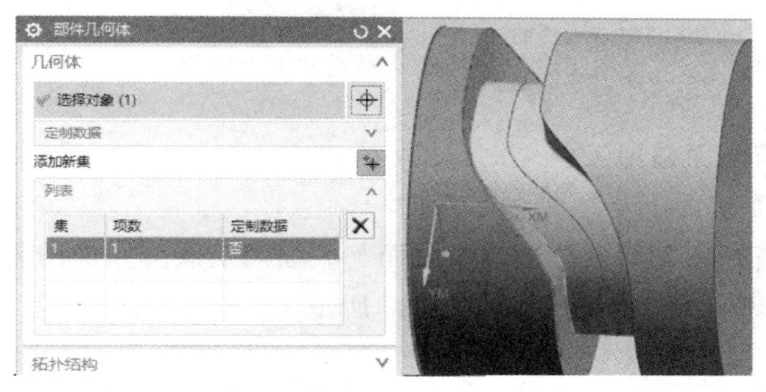

图 1-27　部件设置

④ 驱动方法选择及参数设定

在驱动方法类型中选择“曲线/点”，选择 1 中创建凸轮槽驱动曲线，并设定切削步长为“公差”，“公差”值为“0.0100”。如图 1-28 所示。

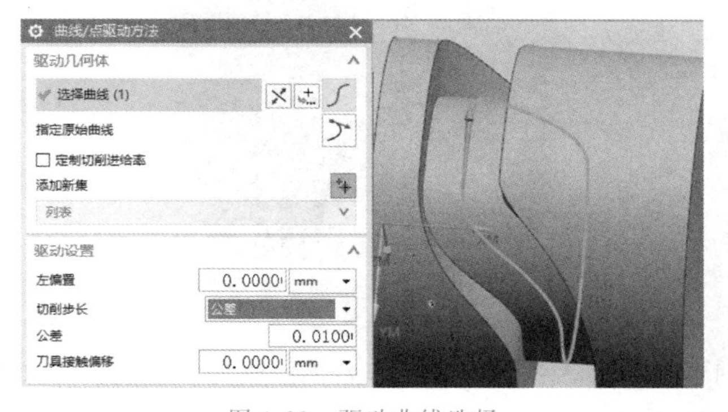

图 1-28　驱动曲线选择

⑤ 刀轴及其他参数设定

打开“可变轮廓铣”对话框中的刀轴组，选择“远离直线”。切削参数多刀路页中，“部件余量偏置”设为“4.5”（槽深经过测量约为4.5），“多重切深”打开，“步进方法”选择“刀路”，“刀路数”为“5”；余量页中，“部件余量”设为“0.2”，“内、外公差”设置为“0.001”，其他参数默认；非切削移动参数转移/快速页中，“安全设置选项”设为“圆柱”，“指定点”选择圆柱体中心点，“指定矢量”选择圆柱轴线方向矢量，“半径”设置为“20”，光顺打开；进给率和速度参数中按照表1-4设置主轴速度和进给率。最后点击“生成”按钮，产生出圆柱凸轮槽粗加工刀路轨迹。如图1-29所示。

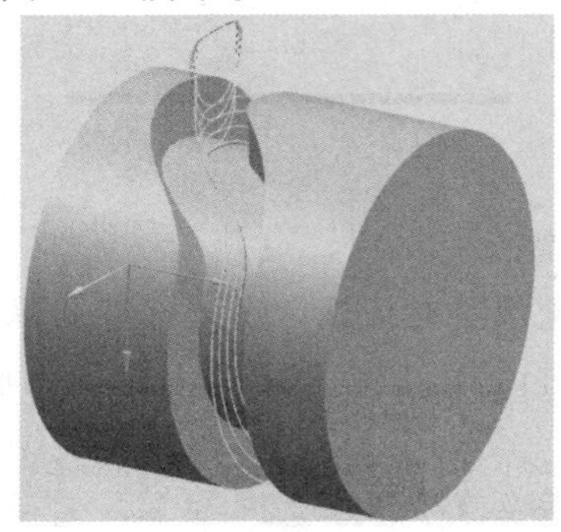

图1-29 圆柱凸轮槽粗加工刀路轨迹

凸轮槽侧面精加工

（3）凸轮槽侧面精加工

① 创建侧面精加工驱动曲线

按照凸轮槽粗加工的方法，将两侧面与底面的交线分别向凸轮中心偏置2mm（精加工时用的刀具直径为4）。如图1-30所示。

专题研讨： 侧面精加工时，除了使用“将两侧面与底面的交线分别向凸轮中心偏置”的方法提取驱动曲线外，还有其他什么方法？

图1-30 两侧面精加工驱动曲线

复制操作1，并粘贴，将粘贴的操作名称修改为“2”，双击操作2，进入编辑状态。工步2主要是进行凸轮槽侧面精加工。

② 修改驱动曲线

单击“编辑”驱动方法，进入“曲线/点驱动方法”选择对话框，删除原来的驱动曲线，然后选择图 1-30 中创建的新驱动曲线（选择一条驱动曲线之后点击“添加新集”即图标，然后再选择另一条）。

将“工具”参数即加工刀具选择为“D4”，“进给率和速度”参数按照表 1-4 设置，其他参数保持不变，点击“生成”按钮，产生出凸轮槽侧面精加工刀路轨迹。如图 1-31 所示。

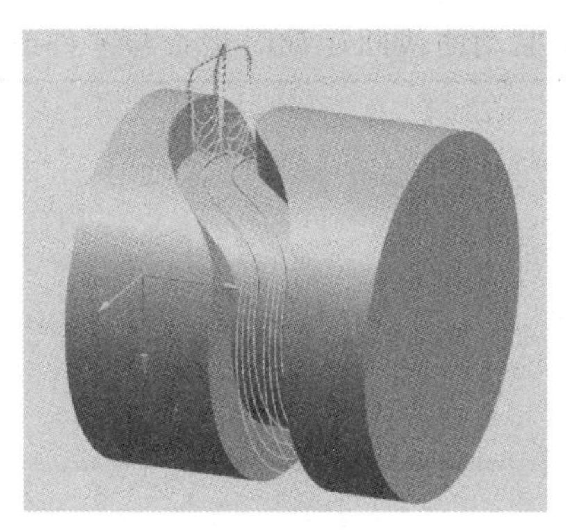

图 1-31　凸轮槽侧面精加工刀路轨迹

凸轮槽底面精加工

（4）凸轮槽底面精加工

复制操作 2，并粘贴，将粘贴的操作名称修改为“3”，双击操作 3，进入编辑状态。工步 3 主要是进行凸轮底面精加工。

将切削参数多刀路页中关闭“多重深度切削”；切削参数余量页中，“部件余量”设为“0”，其他参数保持不变。点击“生成”按钮，产生出凸轮槽底面精加工刀路轨迹。如图 1-32 所示。仿真加工效果如图 1-33 所示。

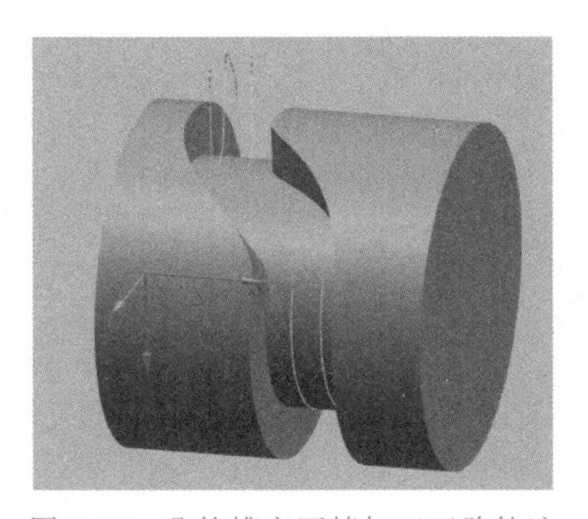

图 1-32　凸轮槽底面精加工刀路轨迹

图 1-33　圆柱凸轮仿真加工结果

三、任务小结

1. 关键知识点

① 使用“在面上偏置曲线”方法创建驱动曲线；

② 曲线/点驱动方法的特点及应用；

③ 四轴编程投影矢量和刀轴的原理；

④ 四轴相关投影矢量和刀轴的使用方法和适用场合。

2. 注意事项

① 凸轮槽粗加工使用曲线/点驱动方法需要用到凸轮曲线，而凸轮曲线需要事先在 UG 的建模环境下利用相关方法准确提取；

② 在一个加工操作中可以同时使用多条驱动曲线，这样可以减少操作的数量，但要注意刀具在多条驱动曲线间运动时是否与零件或夹具等发生干涉。

拓展练习工作手册

教学模块	模块一　四轴加工编程
拓展练习	练习 1　直壁螺旋槽的四轴编程
工作环境	计算机、UG NX 软件
练习级别	基础练习
团队成员	

一、基础任务描述

加工如图 1-34 所示零件，毛坯为 ϕ40mm×50mm 棒料，材料为铝合金（圆柱内孔已预加工）。要求按单件生产设计其数控加工工艺方案，利用 CAM 软件（UG）编制该零件的数控程序。

① 要求按单件生产设计其数控加工工艺方案；

② 利用 CAM 软件（UG）编制该零件的数控程序。

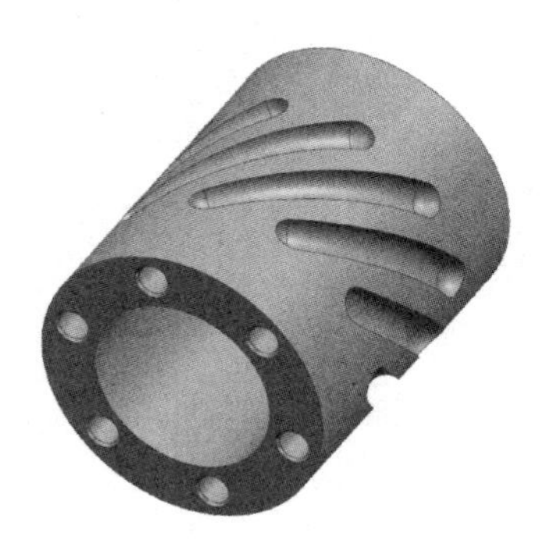

图 1-34　基础练习

练习级别	进阶练习
团队成员	

二、进阶任务描述

加工如图 1-35 所示零件，毛坯为 ϕ22.5mm×100mm 棒料，材料为硬铝（两头圆柱已预加工）。要求：

① 按单件生产设计其数控加工工艺方案；

② 利用 CAM 软件（UG）编制该零件的数控程序。

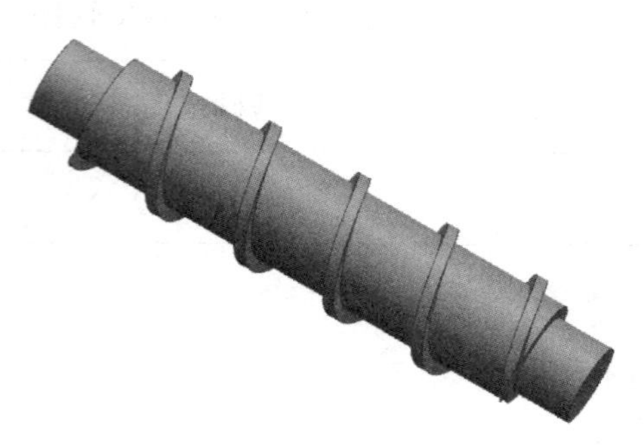

图 1-35　直壁螺旋槽

三、任务分析与实施

1. 工艺分析

（1）装夹方案的确定

（2）加工工艺方案确定（见表 1-5）

表 1-5　数控加工工序卡片

<table>
<tr><td colspan="2" rowspan="2">数控加工工序卡片</td><td>产品名称</td><td>零件名称</td><td>材料</td><td colspan="4">零件图号</td></tr>
<tr><td></td><td></td><td></td><td colspan="4"></td></tr>
<tr><td>工序</td><td>夹具名称</td><td></td><td colspan="2">使用设备</td><td colspan="4"></td></tr>
<tr><td>工步号</td><td>工步内容</td><td>刀具号</td><td>主轴转速/(r/min)</td><td>进给速度/(mm/r)</td><td>背吃刀量/mm</td><td>侧吃刀量/mm</td><td>驱动方法</td><td>刀轴</td></tr>
<tr><td></td><td></td><td></td><td></td><td></td><td></td><td></td><td></td><td></td></tr>
<tr><td></td><td></td><td></td><td></td><td></td><td></td><td></td><td></td><td></td></tr>
<tr><td></td><td></td><td></td><td></td><td></td><td></td><td></td><td></td><td></td></tr>
<tr><td></td><td></td><td></td><td></td><td></td><td></td><td></td><td></td><td></td></tr>
</table>

（3）刀具的确定（见表 1-6）

表 1-6　数控加工刀具卡

<table>
<tr><td colspan="2" rowspan="2">数控加工刀具卡片</td><td>工序号</td><td>产品名称</td><td>零件名称</td><td>夹具名称</td><td>材料</td><td>零件图号</td></tr>
<tr><td></td><td></td><td></td><td></td><td></td><td></td></tr>
<tr><td>序号</td><td>刀具号</td><td colspan="2">刀具名称及规格</td><td colspan="2">刀尖半径/mm</td><td>加工表面</td><td>备注</td></tr>
<tr><td></td><td></td><td colspan="2"></td><td colspan="2"></td><td></td><td></td></tr>
<tr><td></td><td></td><td colspan="2"></td><td colspan="2"></td><td></td><td></td></tr>
</table>

2. 各工步关键加工参数及刀路轨迹截图

（1）工步 1（截图）

（2）工步 2（截图）

（3）工步 3（截图）

（4）工步 4（截图）

3. 仿真加工结果截图

随堂测试

班级________　　　　姓名________

单选题得分	判断题得分	总分

一、单选题（每题1分，共5分）

1. UG加工环境配置要创建的CAM设置为多轴铣削加工的是（　　）。

A. mill_planar　　B. mill_contour

C. mill_multi_axis　　D. mill_multi_blade

2. 以下不属于多轴加工工序子类型的是（　　）。

A. 可变流线铣　B. 实体轮廓3D　C. 外形轮廓铣　D. 顺序铣

3. 关于铣床 A 轴说法正确的是（　　）。

A. 绕着 A 轴旋转的轴　　B. 绕着 Z 轴旋转的轴

C. 绕着 Y 轴旋转的轴　　D. 绕着 X 轴旋转的轴

4.（　　）格式数据文件一般不能被用于不同CAD/CAM软件间图形数据转换。

A. DXF　B. IGES　C. STL　D. STEP

5. 计算机辅助编程生成的程序不包括（　　）。

A. G代码　　B. 刀位点位置信息

C. M辅助代码　　D. 装夹信息

二、判断题（每题1分，共5分）

（　　）1. 四轴铣床与三轴铣床的区别是四轴铣床多了一个旋转运动轴。

（　　）2. $XYZ+A$ 结构的立式四轴铣床旋转轴为绕 Z 轴旋转。

（　　）3. 合理地安排工作可有效缩短辅助时间。

（　　）4. 机床的日常维护与保养，通常情况下应由后勤管理人员来进行。

（　　）5. 表面粗糙度高度参数 Ra 值愈大，表示表面粗糙度要求愈高；Ra 值愈小，表示表面粗糙度要求愈低。

考核评价

班级________　　　姓名________

评价内容	考核点	配分	扣分点及扣分标准	自评 30%	互评 30%	师评 40%	得分
工艺规程（20分）	工步安排	6	工艺方案不合理、不优化，每处扣2分；不符合机械加工基本原则不得分				
	刀具选择	4	一处不当扣1分，扣完为止				
	切削用量	6	一处不当扣1分，扣完为止				
	文字表达	4	语言不规范、文字不简练，每处扣1分；表述错误，记0分				
项目作品（50分）	模型处理	10	模型处理不当，每处扣2分，扣完为止				
	加工方法	15	加工方法选择不合理，每次扣1分；加工方法创建错误，每处扣2分				
	参数设置	15	加工参数设置错误每处扣4分；不合理、不优化每处扣2分				
	仿真结果	10	仿真时有空刀扣5分；仿真时每碰撞一次扣2分；表面质量不好扣2～3分				
职业素养（20分）	出勤	5	迟到、早退一次扣0.5分，请假一次扣1分，旷课一节扣2分。缺勤达到本项目1/3学时则本项目按零分计				
	工作态度	3	课前任务完成一般扣1分；完成较差扣2分；完成很差或未完成该项不得分				
		3	课堂表现有序活跃、积极思考、踊跃回答和练习				
		2	实训过程细致、认真，积极帮助其他同学				
		2	服从老师及班干部、小组长安排，如有违反不得分				
	职业规范	2	实训场地干净、整洁；设备、人员安全有序；实训过程符合规范				
	团队协作 语言表达	3	积极主动协助其他成员完成任务，不代替他人完成任务；语言表达准确、术语规范、思路清晰、逻辑严谨、表达流畅				
随堂测试（10分）		10					
综合		100					

项目二 整体叶盘的四轴加工编程

项目导入

整体叶盘结构特点

此整体叶盘为航空发动机压气机整体叶盘。它是叶片和轮盘设计为一体的结构形式，与传统的盘片结构相比有零件数量减少（整体叶盘能减少55％以上的零件）、重量轻（减轻25％～35％的重量）、效率高（可以提高5％～15％的效率）、接触应力小、工作寿命长等特点。

拟实现的教学目标

素质目标

1. 认同精细、精确、精美的工作态度和思想意识；
2. 具有敬仰航空、敬重装备、敬畏生命的责任意识。

知识目标

1. 理解并掌握曲面驱动方法的特点及应用；
2. 理解并掌握垂直于部件和侧刃驱动体刀轴的含义、使用；
3. 理解裁剪余量的含义。

能力目标

1. 能运用曲面驱动方法进行程序编制；
2. 能运用垂直于部件和侧刃驱动体刀轴类型完成零件的编程；
3. 能正确使用刀路裁剪功能并设置裁剪余量；
4. 能实施整体叶盘零件的四轴铣削编程。

对接“1+X”多轴数控加工职业技能等级证书标准（中级）技能要求：

1. 能使用机械加工工艺手册，执行四轴加工工艺规程，完成加工工艺分析；

2. 能根据加工零件及数控机床的特点，运用数控加工刀具的理论知识，合理选择刀具的切削用量；

3. 能根据零件特点及工作任务要求，使用CAD/CAM软件，完成四轴联动加工编程；

4. 能根据多轴数控加工编程规范，使用加工仿真软件，完成数控加工程序的安全检查和校验。

课程思政——国产飞机的“中国心”

讨论： 目前在航空发动机制造过程中的三大难题是什么？

下达任务

任务描述

加工如图2-1所示零件，圆柱面及八边形内孔已加工到位，要求按单件生产设计其数控加工工艺方案，利用CAM软件（UG）编制该零件的叶片加工的数控程序。毛坯为ϕ190mm×80mm棒料，材料为铝合金。

图2-1　整体叶盘

知识准备

【知识点一】　曲面驱动方法

曲面驱动方法指以一个曲面作为驱动体来产生刀路轨迹。加工复杂曲面时，这种驱动方法是很有用的。如图2-2所示。

“驱动曲面”不必是平面，但是其栅格必须按一定的栅格行序或列序进行排列（图2-3）。相邻的曲面必须共享一条公共边，且不能包含超出在“首选项”中定义的“尺寸链公差”的缝隙。可以使用修剪过的曲面来定义“驱动曲面”，只要修剪过的曲面具有四个边即可。修剪过的曲面的每个边都可以是单边曲线，也可以由多条

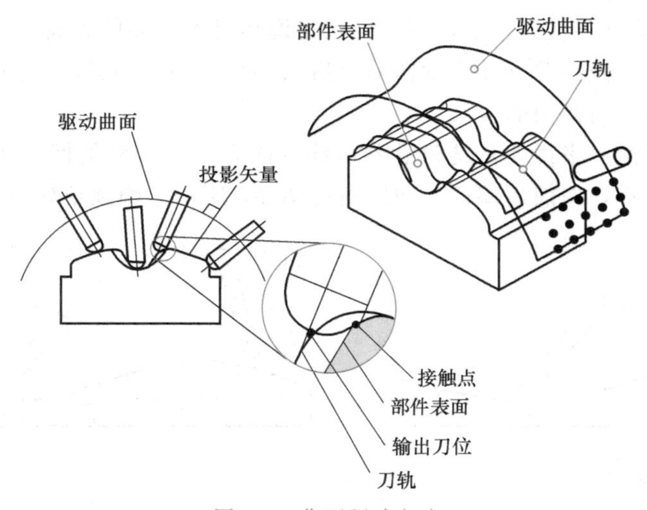

图 2-2　曲面驱动方法

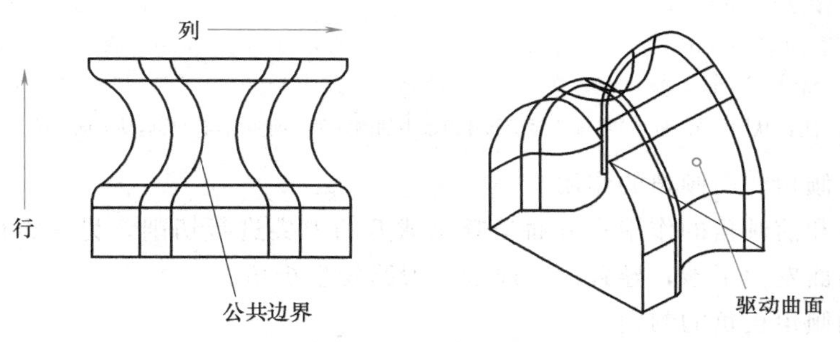

图 2-3　行和列均匀排列的矩形栅格

垂直或相对于部件刀轴

相切的边曲线组成，这些相切的边曲线可以被视为单条曲线。

【知识点二】　垂直或相对于部件刀轴

1. 垂直于部件刀轴

"垂直于部件"指刀轴与部件面每个接触点的切线方向始终垂直。此刀轴使用前提是必须指定了部件几何体。如图 2-4 所示。

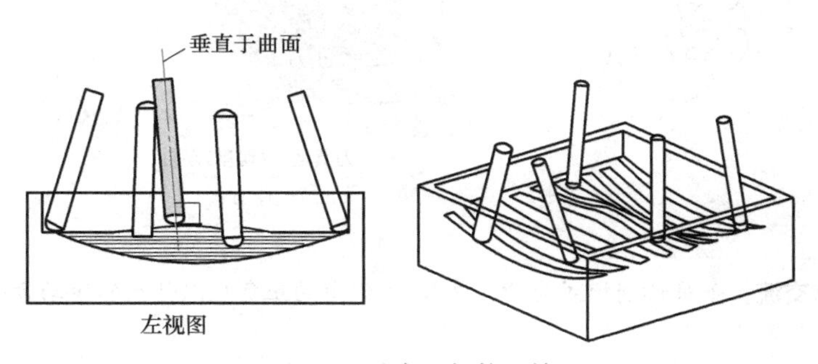

图 2-4　垂直于部件刀轴

2. 相对于部件刀轴

"相对于部件"指刀轴与部件面每个接触点的切线方向不一定垂直，它相对于

“部件表面”的垂直刀轴成一定角度。也就是说相对于“部件表面”的垂直刀轴向前（后）、向左（右）倾斜并且在刀轴向前（后）、向左（右）倾斜一定的角度范围。

（1）侧倾角、前倾角的含义

所谓侧倾角简单来说就是铣刀沿着运动方向看，向两侧偏摆。而前倾角则是铣刀沿着运动方向看，向前后偏摆。前倾角如图 2-5 所示。侧倾角如图 2-6 所示。

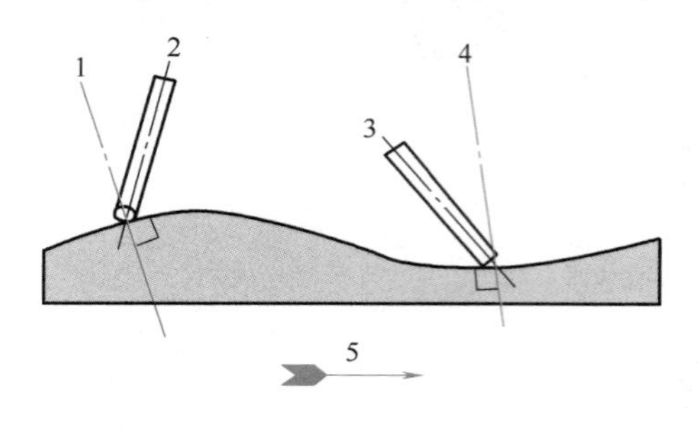

图 2-5 前倾角

1—垂直刀轴；2—正的前倾角；3—负的前倾角（后倾角）；4—垂直刀轴；5—刀具方向

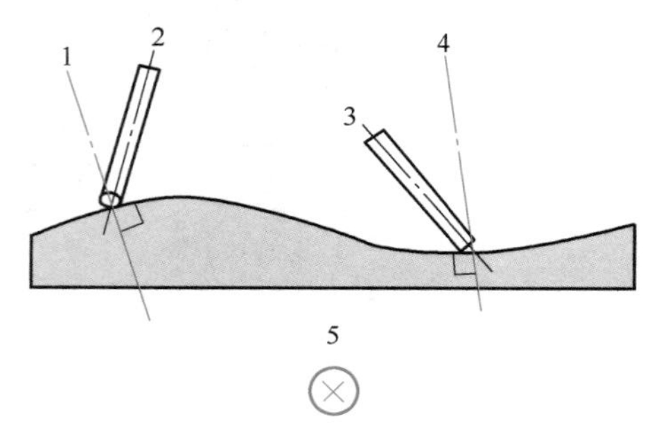

图 2-6 侧倾角

1—垂直刀轴；2—正的侧倾角；3—负的侧倾角；4—垂直刀轴；5—刀具方向（垂直于平面向里）

注：从图 2-5、图 2-6 可知相对于部件刀轴中的侧倾角、前倾角与刀具运动方向有关。

（2）侧倾角、前倾角的作用

侧倾角和前倾角的作用一方面是避免球刀的刀尖进行切削，另一方面是避免刀具与零件的面发生干涉，导致跳刀或者是刀路发生折角。

（3）侧倾角正负的判别

正的侧倾角的角度值表示沿着刀具运动方向看，刀具向右侧偏摆。负的侧倾角的角度值表示沿着刀具运动方向看，刀具向左侧偏摆（即右手法则）（与切削模式无关）。如图 2-7 所示。

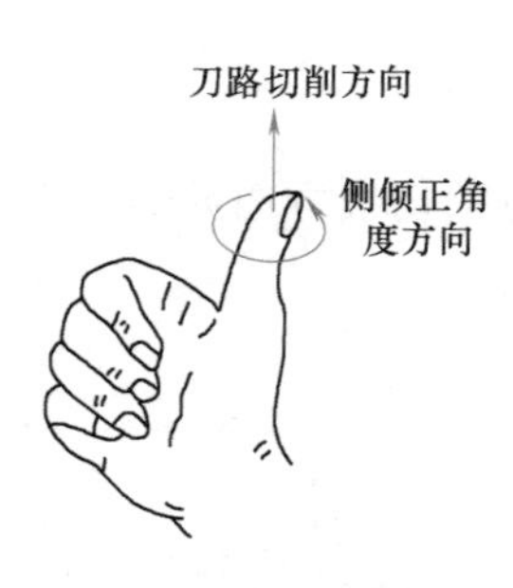

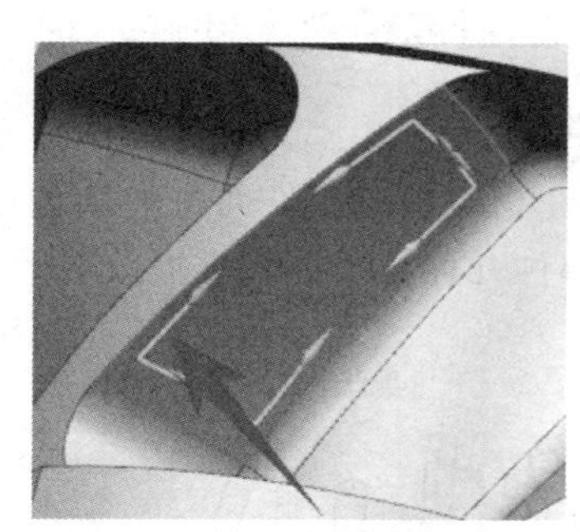

图 2-7 侧倾角正负的判别

知识点交流：如果切削模式为“往复”，侧倾角的正负应以什么的运动方向为参考？

【知识点三】 侧刃驱动体刀轴

“侧刃驱动体”刀轴指沿驱动曲面的侧刃划线移动的刀轴。此类刀轴允许刀具的侧面切削驱动曲面，而刀尖切削部件表面。如果刀具不带锥度，那么刀轴将平行于侧刃划线。如果刀具带锥度，那么刀轴将与侧刃划线成一定角度，但二者共面。驱动曲面将支配刀具侧面的移动，而部件表面将支配刀尖的移动。

使用“侧刃驱动体”刀轴时要注意的问题：

① 必须按顺序选择多个驱动曲面，并且这些曲面的边缘必须相连。如图 2-8 所示。

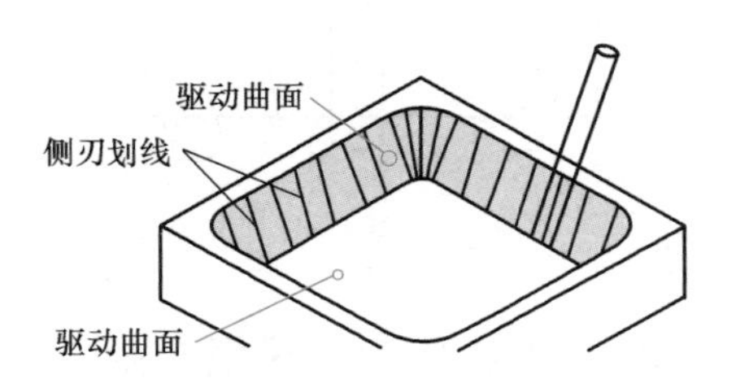

图 2-8　驱动曲面的侧刃划线

② 选择“侧刃驱动体”后，将出现“选择侧刃驱动方向”对话框，并且在选定的第一个驱动曲面旁将出现四个方向箭头。从四个矢量中选择一个指向机床主轴的矢量。如图 2-9 所示。

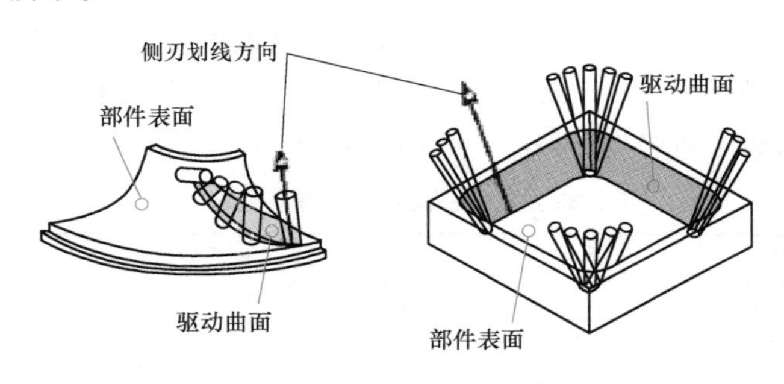

图 2-9　侧刃方向

【知识点四】　侧刃驱动体的划线类型

侧刃驱动体的“划线类型”中包含两个选项，分别是“栅格或修剪”和“基础UV”。下面以图 2-10 框选区域为例进行介绍。

1. 栅格或修剪划线

当驱动曲面由“曲面栅格”或“修剪曲面”组成时，便可生成“栅格或修剪”类型的划线，该类型的划线将尝试与所有“栅格边界”或“修剪边界”尽量自然对齐，如图 2-11 所示。

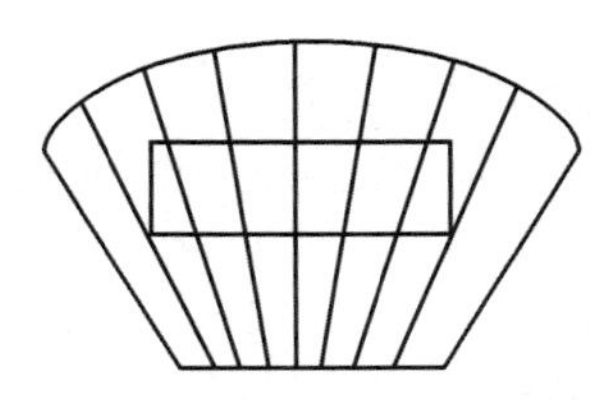

图 2-10　已修剪的圆锥曲面

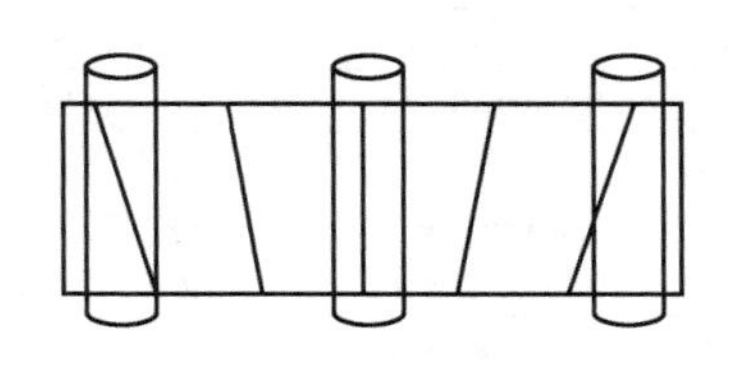

图 2-11　栅格或修剪划线

2. 基础 UV 划线

基础 UV 划线是曲面被修剪或被放入栅格前，曲面的自然底层划线，此类划线可能没有与栅格或修剪边界对齐，如图 2-12 所示。

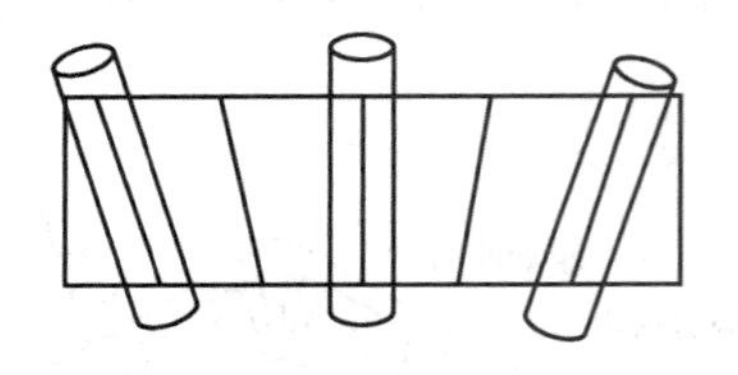

图 2-12　基础 UV 划线

【知识点五】　VERICUT 功能及工作界面介绍

VERICUT 是一款专为制造业设计的 CNC 数控机床加工仿真和优化软件。VERICUT 取代了传统的切削实验部件方式，通过模拟整个机床加工过程和校准加工程序的准确性，来帮助用户清除编程错误和改进切削效率。VERICUT 是仿真加工软件，可以模拟 G 代码程序，包括子程序、宏程序、循环、跳转、变量等；VERICUT 软件也能仿真机床加工，进行碰撞检查，仿真后能对切削模型尺寸分析，还能对切削速度进行优化，并输出仿真结果模型，以及生成工艺文件报表。VERICUT9.2 各模块功能如表 2-1 所示，工作界面如图 2-13 所示。

表 2-1　VERICUT9.2 模块功能

软件模块	模块功能
Verification	仿真、验证、3 轴铣削加工、钻削、车削、车铣复合、线切割刀路验证
Machine Simultion	构建并模拟 CNC 机床和机床控制系统，准备检查机床碰撞
Multi-Axis	仿真并验证 4、5 轴的铣削、钻、车铣等机床操作
AUTO-DIFF	通过比较设计模型和 VERICUT 切削模型，能检测出零件过切和残余材料。可以实现连续的过切检查
Optipath	自动修正进给速度，提高切削效率，提高零件表面质量
CAD/CAM Interfaces	通过从 CAD/CAM 软件系统内部直接读取数据，使验证刀路的操作变得更容易、方便
CNC Machine Probing	在加工的任何阶段，创建和模拟 CNC 探测程序。通过探头仿真减少潜在错误并节约探头设备费用
STEP Model Interface	可以直接导入机床和刀具的 STEP 装配体模型，并继承装配关系，无需格式转换
Model Export	通过 IGES 或 STL 格式输出和实际加工一样的模型
Inspection Sequence	根据 VERICUT 模拟所产生的过程加工特征，生成过程检测说明及工艺文档，可以节省时间和改进精度
EDM Die Sinking	精确的仿真和验证 EDM 放电加工。检查过切、过切/欠切情况、材料的去除量、接触面积和电极叠加。支持多电极加工仿真
Cutter/Grinder Verification	验证多轴磨削加工，为磨削仿真专门定制一个操作简单的界面
Cutter/GrinderMachine Simultion	多轴磨削机床的运动仿真，并且检查潜在的碰撞
Model Interfaces	直接读取各种格式的设计模型文件，可以将这些模型作为毛坯、夹具、刀柄和机床模型。结合模型输出模块，VERICUT 的切削模型可以分别输出为这些格式的模型文件
Fiber Placement programming& Simutlion	独立于 CNC 自动铺丝机的离线编程(VCP)和模拟软件(VCS)

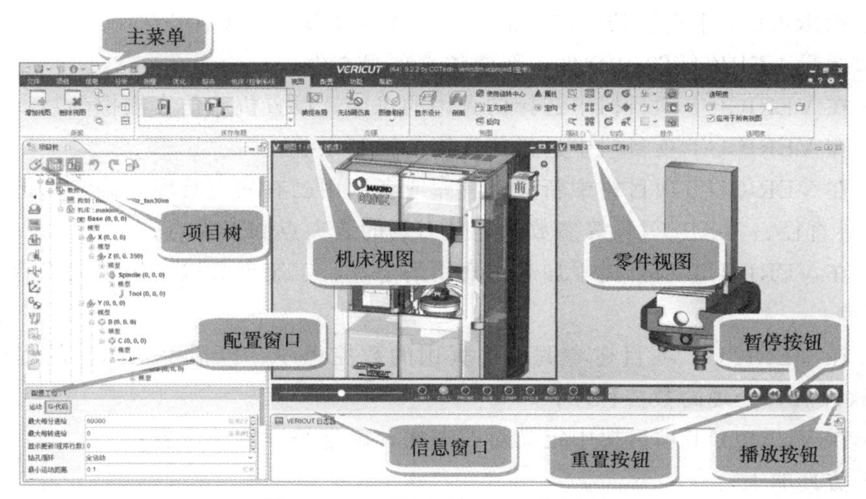

图 2-13　VERICUT9.2 工作界面

【知识点六】　VERICUT 加工仿真流程

实现对数控加工过程的仿真，首先需要在 VERICUT 中构建机床运动结构，配置相应的数控系统，加载毛坯、工装夹具、刀具、数控程序等加工要素，然后对加工过程进行仿真，最后还可以对加工程序进行优化，提高加工效率。仿真操作流程如图 2-14 所示。

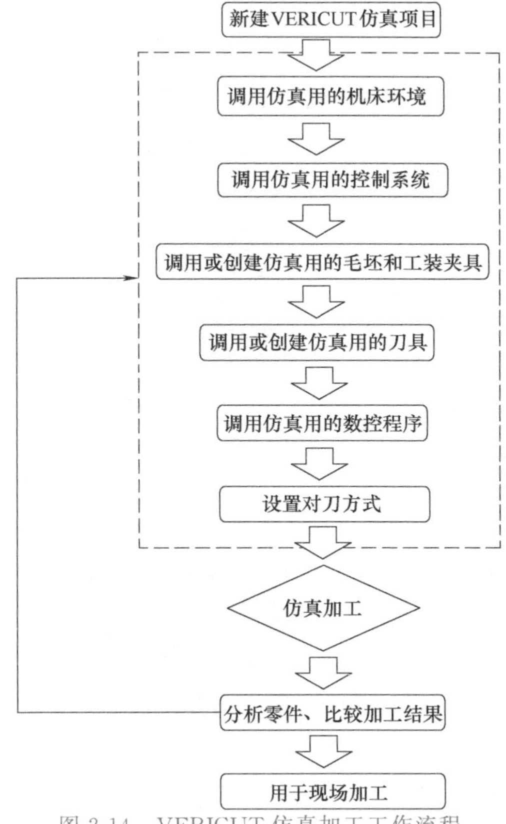

图 2-14　VERICUT 仿真加工工作流程

在 VERICUT 中进行仿真加工的操作流程（步骤）如下：

① 运行 VERICUT9.2 软件，新建仿真项目文件；

② 在 VERICUT 项目树中选择仿真用的机床，设置机床仿真模拟参数；

③ 在 VERICUT 项目树中选择仿真用的控制系统；

④ 在 VERICUT 项目树中新建刀具库或者调用已有的刀具库，确定每把刀的类型、刀具直径、刀长、刃长等参数，定义刀具的装夹点和刀尖点；

⑤ 在 VERICUT 项目树中加载仿真用的毛坯、工装夹具以及用于加工后对比的设计模型；

⑥ 在 VERICUT 项目树中调用仿真用的数控程序，包括手工编写的程序或者 CAM 软件后置处理的数控程序；

⑦ 在 VERICUT 项目树中定义对刀方式，确定编程零件位置；

⑧ 仿真加工；

⑨ 对仿真结果进行分析检查。通过测量和自动比较功能对仿真结果进行检查，分析过切和残留值；

⑩ 将仿真正确的数控程序用于现场加工。

任务实施工作手册

教学模块	模块一　四轴加工编程
项目名称	项目二　整体叶盘的四轴加工编程
工作环境	计算机、UG NX 软件

一、任务描述

加工如图 2-1 所示零件，圆柱面及八边形内孔已加工到位，毛坯为 ϕ190mm×80mm 棒料，材料为 AL7075。要求：

① 按单件生产设计其数控加工工艺方案；

② 利用 CAM 软件（UG）编制该零件的四轴数控加工程序；

③ 运用 VERICUT 加工仿真软件，完成整体叶盘四轴加工程序的安全检查和校验。

二、任务分析与实施

零件分析与准备工作

1. 工艺分析

通过对零件的分析可知，此零件可以用 UG 四轴加工方法完成。主要加工内容为叶片、叶片间槽及叶片底面。通过分析，叶片与底面之间的圆角为 1mm，叶片间最小宽度约为 9.27mm，从而限定了刀具的类型和直径。

2. 加工工艺方案及刀具的确定（见表 2-2）

表 2-2　数控加工工序卡片

数控加工工序卡片			产品名称	零件名称	材料		零件图号	
			整体叶盘	整体叶盘	AL7075		CSHY-FDJ-02	
工序	数铣	夹具名称	SXZY-01	使用设备		VMC850		
工步号	工步内容		刀具类型	刀具直径/mm	主轴转速/(r/min)	进给速度/(mm/min)	刀具名称	操作名称
1	叶片间槽粗加工		圆角刀	ϕ8R1	3000	1300	D8R1	1
2	叶片侧面精加工		球头铣刀	ϕ2	5000	1500	R1	2
3	叶片底面精加工		球头铣刀	ϕ2	5000	1500	R1	3

3. 各工步实施过程及关键加工参数设置

（1）整体叶盘零件分析与准备工作

① 零件分析

通过分析距离和直径，知道叶盘叶片外围直径为 ϕ190mm，叶片附着圆柱直径为 ϕ170mm、长度为 29mm，两叶片间最小宽为 9.27mm，叶根圆角为 $R1$。

② 准备工作

毛坯创建：通过创建圆柱方式，创建 ϕ190mm×29mm 的圆柱毛坯（只需包含叶片）。

坐标系创建：进入加工模块，将“工序导航器”切换至“几何视图”。设置加工坐标系的 X 轴与整体叶盘的轴线重合。

叶片间槽粗加工

刀具创建：创建名称为 D8R1 的圆角刀和 R1 的球头铣刀。

（2）叶片间槽粗加工

① 创建驱动曲线

进入建模环境，选择命令“插入/派生曲线/在面上偏置”。选择叶根圆角轮廓边界沿着 ϕ170mm 的圆柱面分别往两边偏置 3mm（刀具半径为 4mm，圆角半径为 1mm），产生出一条与叶根圆角相似的曲线即粗加工时所需要的驱动曲线。如图 2-15 所示。

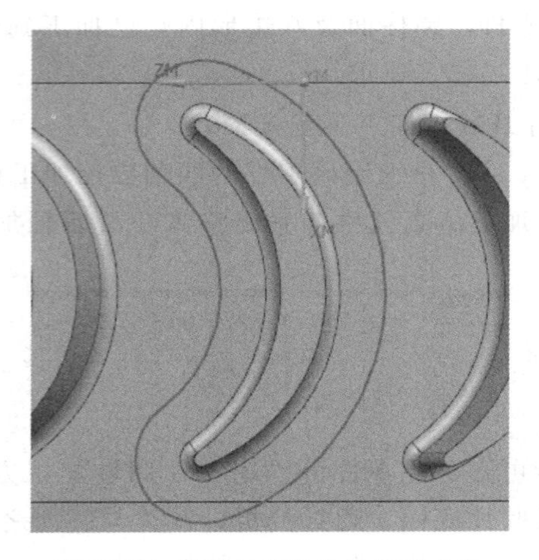

图 2-15　在面上偏置出的驱动曲线

② 可变轮廓铣部件设置

进入加工模块，环境设置和操作创建与项目一相同，在此不再详细说明。进入可变轮廓铣对话框后，首先设置部件。单击“指定部件”图标 ，进入“部件几何体”选择对话框，然后选择叶片叶根面（不要选择圆角），如图 2-16 所示。

图 2-16　部件设置

③ 驱动方法选择及参数设定

在驱动方法类型中选择“曲线/点”，选择①中创建的驱动曲线 1 条（两端超出部分不要选），设置左偏置为 0.3（此为粗加工余量，正负与曲线方向有关），设定切削步长为“公差”，“公差”值为“0.01”。如图 2-17 所示。

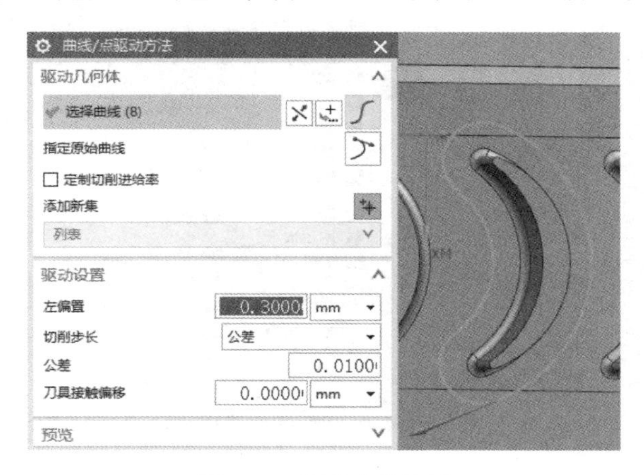

图 2-17　驱动曲线选择

④ 刀轴及其他参数设定

打开“可变轮廓铣”对话框中的刀轴组，选择“垂直于部件”。切削参数多刀路页中，“部件余量偏置”设为“10”（叶片深度测量约为 10），“多重切深”打开，“步进方法”选择“刀路”，“刀路数”为“10”；余量页中，“部件余量”设为“0.3”，“内、外公差”设置为“0.001”，其他参数默认；非切削移动参数进刀页中，“进刀方式”设为“沿直线”；转移/快速页中，“安全设置选项”设为“圆柱”，“指定点”选择圆柱体中心点，“指定矢量”选择圆柱轴线方向矢量，“半径”设置为“120”，光顺打开；进给率和速度参数中按照表 2-2 设置。最后点击“生成”按钮，产生出叶片间槽粗加工刀路轨迹。如图 2-18 所示。

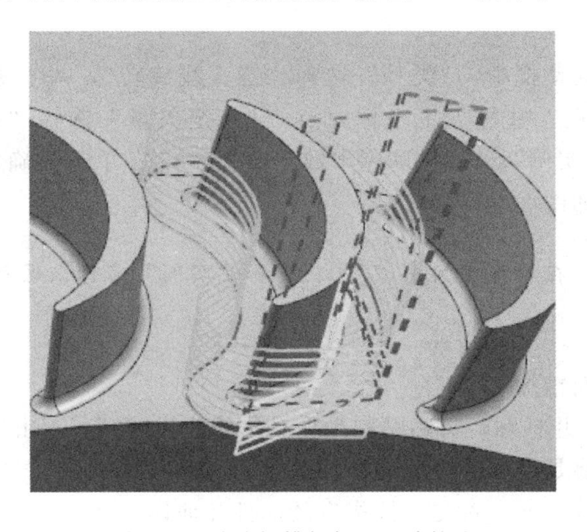

图 2-18　叶片间槽粗加工刀路轨迹

⑤ 其余叶片间槽粗加工

其余叶片间槽的粗加工刀路轨迹的产生是通过上面的轨迹变换而来。选中操作 1，单击鼠标右键，选择“对象/变换”，如图 2-19 所示。进入“变换”对话框，如图 2-20 所示。

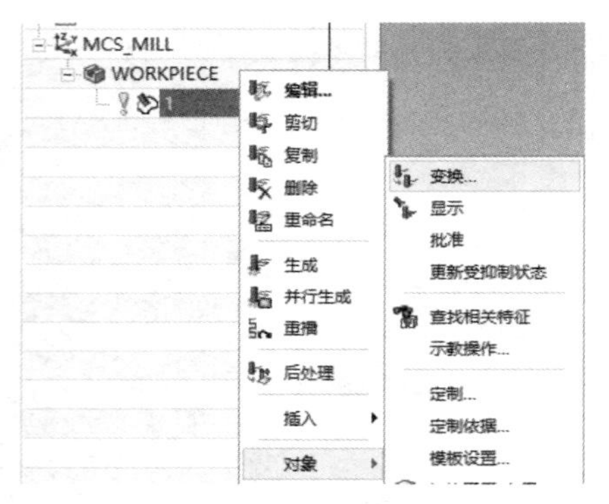

图 2-19 刀路轨迹变换操作

叶片侧面精加工

图 2-20 “变换”对话框

在“变换”对话框中，“类型”选择“绕直线旋转”，“直线方法”选择“点和矢量”，“指定点”选择加工坐标原点，“指定矢量”选择“ZC”，“角度”输入“10”，选择“实例”，“非关联副本数”输入“35”。单击“确定”完成此操作，生成的刀路轨迹如图 2-21 所示。

专题研讨：在刀路变换中，“复制”和“实例”有什么区别？一般采用哪一种类型？

（3）叶片侧面精加工

复制操作 1，并粘贴，将粘贴的操作名称修改为“2”，双击操作 2，进入编辑状态。工步 2 主要是进行叶片侧面精加工。

修改其他参数之前，首先去掉指定的部件几何体。

① 修改驱动方法及驱动体

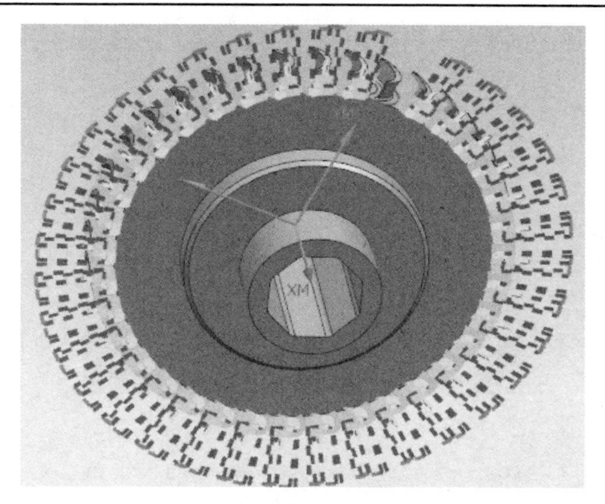

图 2-21　刀路轨迹变换结果

将驱动方法修改为“曲面”，然后进入曲面区域驱动方法对话框。选择叶片周边侧面为驱动曲面，如图 2-22 所示。(注意不要选择叶根圆角面)

图 2-22　侧面精加工驱动曲面

② 曲面驱动其他参数

材料侧为叶片侧面外侧，切削方向顺时针由上向下，“切削模式”设为“往复”，“步距”设为“数量”，步距数为 50；“切削步长”设为“公差”，“内、外公差”设为“0.01”。

③ 刀轴及其他参数设定

刀具改为 R1，刀轴设为“侧刃驱动体”，侧刃方向选择向上。如图 2-23 所示。

切削参数多刀路页中，取消“多重切深”，“部件余量”设为“0”，“内、外公差”设置为“0.001”，其他参数默认；非切削移动参数进刀页中，“进刀类型”设为“圆弧—垂直于刀轴”，其他参数不变；进给率和速度参数中按照表 2-2 设置主轴速度和进给率。最后点击“生成”按钮，产生出叶片侧面精加工刀路轨迹。如图 2-24 所示。

叶片底面
精加工

图 2-23　侧刃驱动体侧刃方向

图 2-24　叶片侧面精加工刀路轨迹

（4）叶片底面精加工

底面精加工采用定轴曲面铣削的方法完成。先单独编制两相邻叶片底面精加工程序，然后采用变换的方式。要单独编制两相邻叶片底面精加工程序，必须把多余的刀路裁减掉，所以编程之前先确定裁剪边界。利用曲面上的曲线方式在叶根底部圆柱面上绘制修剪边界。如图 2-25 和图 2-26 所示。

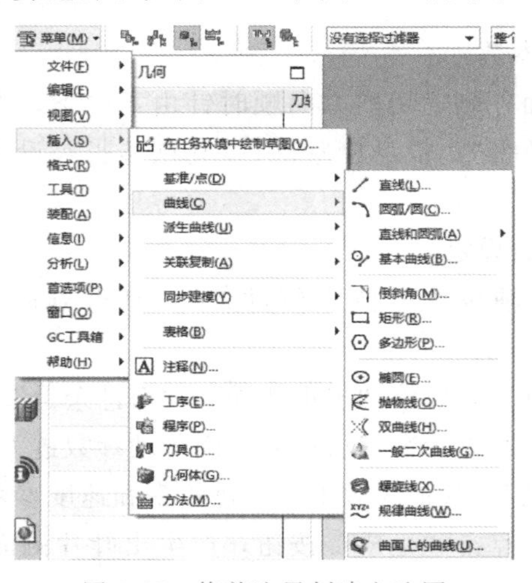

图 2-25　修剪边界创建方法图

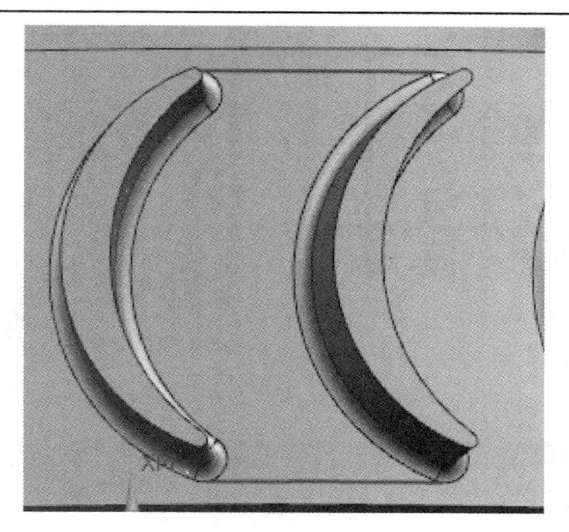

图 2-26　修剪边界结果

① 创建固定轮廓铣——区域铣削

单击“创建工序”，选择类型为“mill_contour”，工序子类型为“固定轮廓铣”，刀具选择“R1”，几何体选择“WORKPIECE”。进入固定轮廓铣对话框，部件选择整体叶盘实体，驱动方法选择区域铣削。如图 2-27 所示。

图 2-27　固定轮廓铣——区域铣削

② 区域铣削驱动参数

在区域铣削驱动方法对话框驱动设置—非陡峭切削参数中，“切削模式”选择“往复”，“切削方向”选择“顺铣”，“步距”采用“恒定”，“最大距离”设置为“0.1”，步距应用在部件上，“剖切角”选择垂直于叶盘轴线的方向（选择绘制修剪边界即可）。如图 2-28 所示。

③ 刀轴的选择

刀轴类型设置为“指定矢量”，点击修剪边界中间的底面，通过备选解使刀轴垂直于底面向上。如图 2-29 所示。

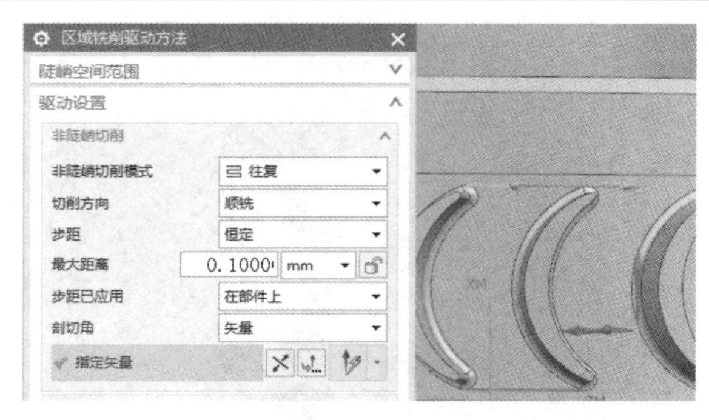

图 2-28　区域铣削驱动参数

图 2-29　刀轴设置

④ 其他参数设置

切削参数余量页中，“部件余量”设为“0”，“内、外公差”和“边界内、外公差”均设置为“0.003”，其他参数默认；进给率和速度参数中按照表 2-2 设置主轴速度和进给率。

⑤ 修剪边界设置

进入“指定修剪边界”对话框，首先设置边界参数中的“刨”（即平面的意思，指边界投影的平面）。选择一个尽量和刀轴垂直的平面。“修剪侧”选择“外部”，“刀具位置”选择“开”，“余量”设为“－2”，然后选择封闭的修剪边界。点击确定，然后点击生成。产生出叶片底面精加工刀路轨迹。如图 2-30 所示。

变换后的刀路重合情况，如图 2-31 所示。

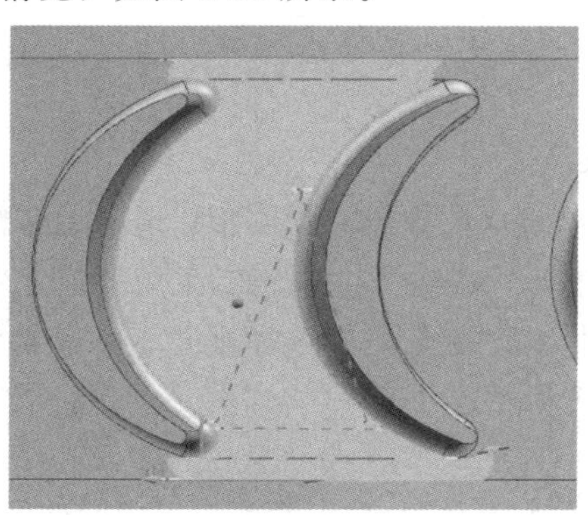

图 2-30　叶片底面精加工刀路轨迹

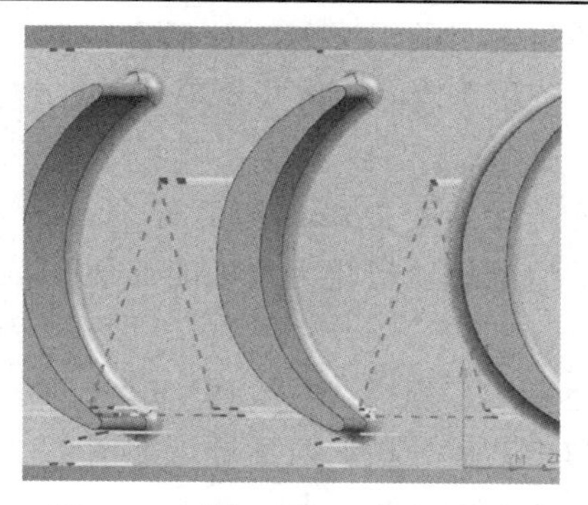

图 2-31　变换后的刀路重合情况

4. 整体叶盘仿真加工

(1) 仿真前的准备工作

① 程序的编辑　在 UG NX 中打开已经做好刀路的整体叶盘文件，进入加工环境。将工序导航器切换到机床视图，如图 2-32 所示。(为了节省时间，此处只验证两个叶片和一个叶片间的槽底面)

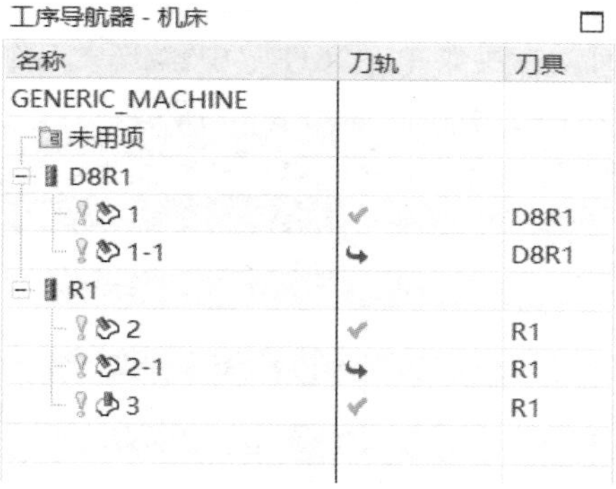

工序导航器 - 机床

名称	刀轨	刀具
GENERIC_MACHINE		
未用项		
D8R1		
1	✔	D8R1
1-1	↪	D8R1
R1		
2	✔	R1
2-1	↪	R1
3	✔	R1

图 2-32　项目二机床视图

此时显示的此零件的加工一共使用了二把刀。双击名称为 D8R1 的平底立铣刀或者是右键单击 D8R1 的圆角铣刀并编辑，进入刀具编辑对话框如图 2-33 所示。

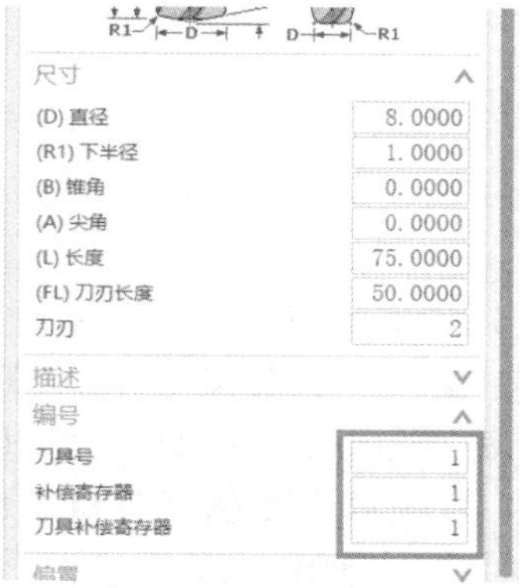

尺寸

参数	值
(D) 直径	8.0000
(R1) 下半径	1.0000
(B) 锥角	0.0000
(A) 尖角	0.0000
(L) 长度	75.0000
(FL) 刀刃长度	50.0000
刀刃	2

描述

编号

参数	值
刀具号	1
补偿寄存器	1
刀具补偿寄存器	1

图 2-33　刀具编辑对话框

将名称为 D8R1 的圆角铣刀的刀具号、补偿寄存器号、刀具补偿寄存器号都改为“1”。$\phi 2$ 的球头铣刀为“2”，然后将所有程序重新生成一次。

② 程序的后置处理　后置处理简称为后处理，即将刀具轨迹通过相应的后处理器转化为机床能够识别的数控程序的过程。

选中操作 1 单击鼠标右键，选择“后处理”或者单击要后处理的操作，弹出“后处理”对话框，如图 2-34 所示。(此处使用华中 4 轴后处理器，读者可根据自己的情况选择后处理器)

图 2-34　后处理对话框

③ 模型文件的导出　因为本次的毛坯并不是规则的圆柱，而 VERICUT 仿真软件智能识别后缀名为 . STL 的模型文件，所以必须将毛坯和部件从 UG 中导出，并保存为后缀名为 . STL 的文件。

(2) 仿真验证流程

① 创建整体叶盘新项目　打开 VERICUT9. 2，进入 VERICUT9. 2 界面，在主菜单“文件”中单击“工作目录”，给之后的文件保存创建一个工作目录，便于操作。如图 2-35 所示。

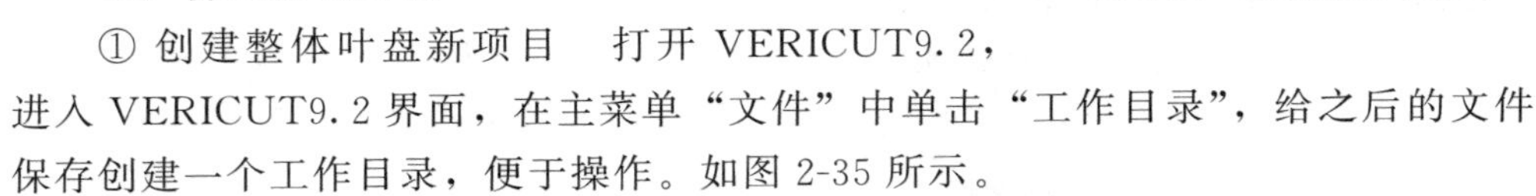

图 2-35　创建 VERICUT 工作目录

然后在主菜单“文件”中单击“新项目”，创建一个新项目，弹出新建 VERICUT 项目对话框，选择单位“毫米”，并将文件名命为整体叶盘，如图 2-36 所示。

单击确定，进入整体叶盘 . vcproject 新项目。如图 2-37 所示。

② 创建四轴加工中心　右键单击左侧项目树中的“机床”，然后选择“打开”，导入四轴加工中心机床，结果如图 2-38 所示。(为了观察方便，删除了机床的外罩及门)

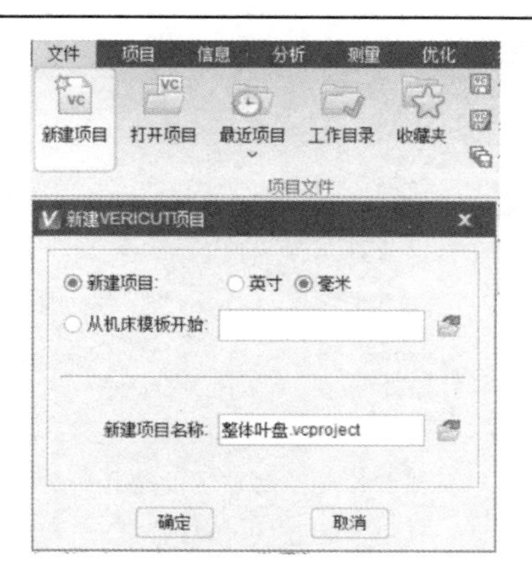

图 2-36　VERICUT 新项目

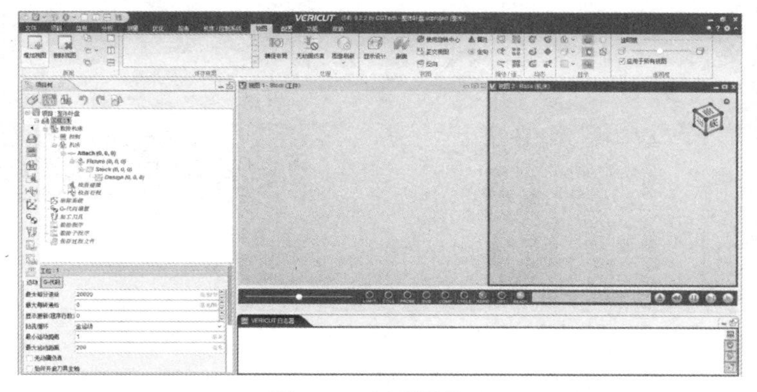

图 2-37　新项目界面

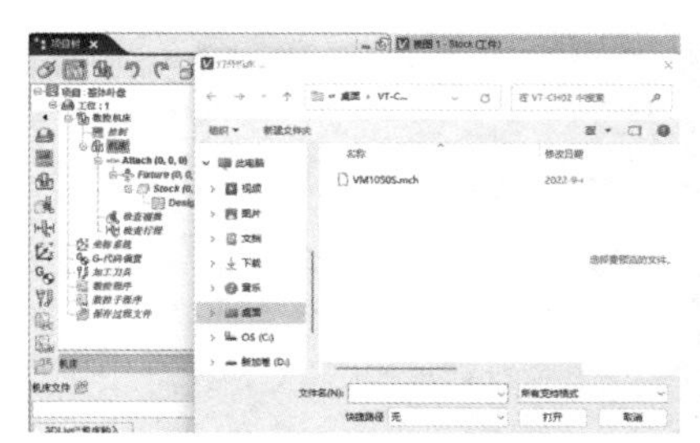
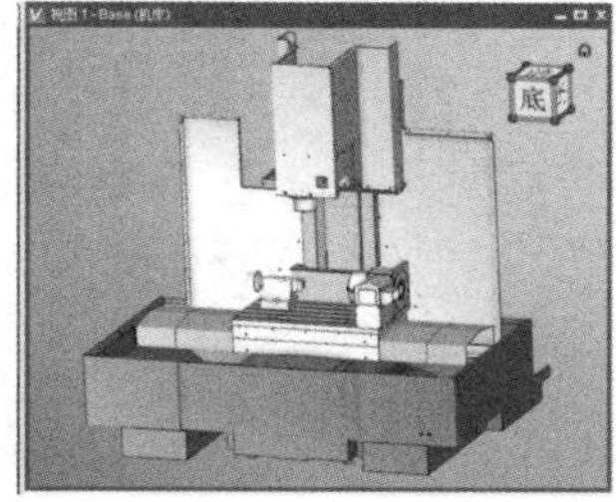

图 2-38　四轴加工中心创建结果

③ 控制系统的选择　右键单击左侧项目树中的“控制”，然后选择“打开”，在弹出对话框中选择“华中控制系统”，然后点击右下角“打开”按钮。如图 2-39 所示。

④ 毛坯和部件的添加　右键单击左侧项目树中的“Stock”，然后选择“添加模型—模型文件”，如图 2-40 所示。添加的模型位置如图 2-41 所示。

此时由于毛坯模型的位置不正确，接下来就需要调整毛坯位置。点击项目树下方的配置模型，此时在项目树下方就会出现配置模型界面，如图 2-42 所示。

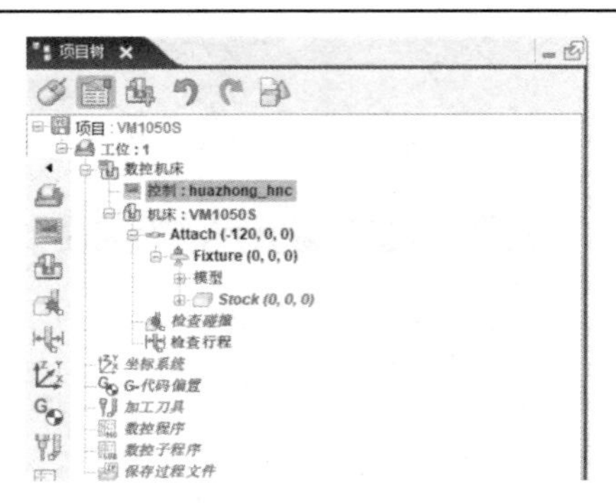

图 2-39　控制系统的选择

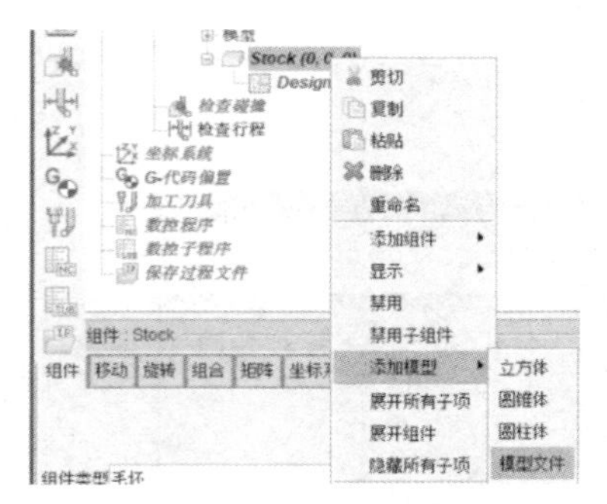

图 2-40　添加模型文件

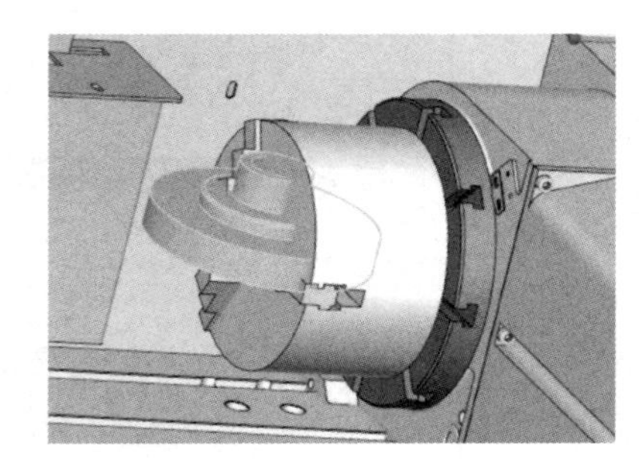

图 2-41　模型添加结果

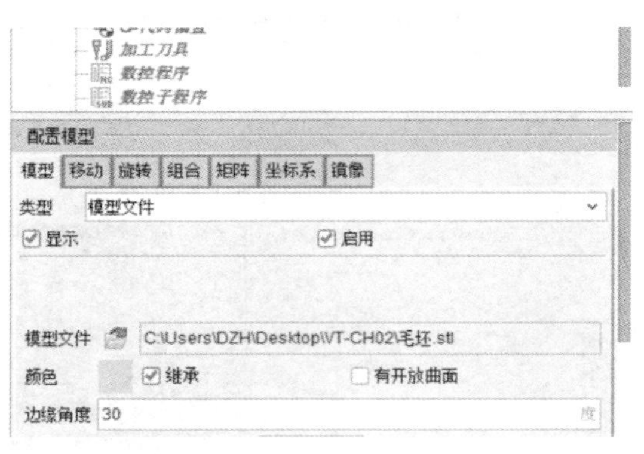

图 2-42　配置模型对话框

进入“移动”页，将“角度”处的第二个“0（零）”改为“90”，位置处的三个零，代表的分别是 X、Y、Z 方向的移动值，角度处的三个零代表的分别是绕 X、Y、Z 轴的旋转值。要想实现此零件四轴的仿真加工，就需要毛坯绕 Y 轴正方形旋转 90°。结果如图 2-43 所示。

旋转之后还需将毛坯沿着 X 轴的负方向移动一定的距离，因为此时毛坯在夹具的内部，不方便测量，所以先将毛坯沿着 X 轴的负方向移动较大的值－100，如图 2-44 所示。然后通过测量中的“空间距离”测出毛坯第二个端面距离卡爪端面的距离，最后输入精确的距离值，如图 2-45 所示。最后正确装夹的结果如图 2-46 所示。

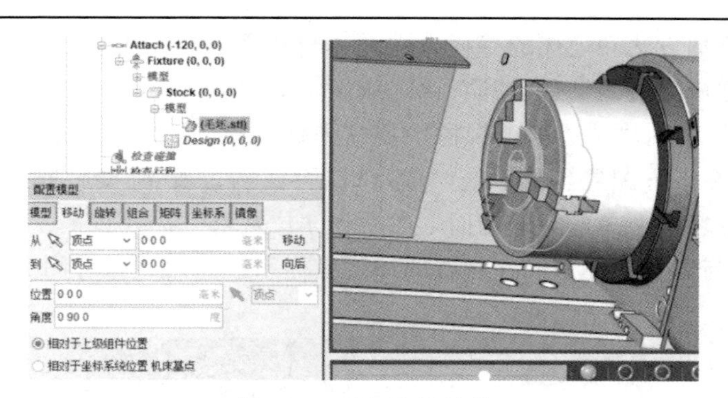

图 2-43　毛坯旋转结果

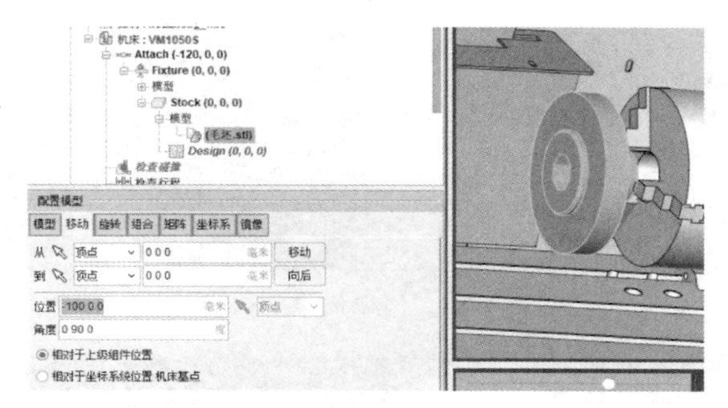

图 2-44　*X* 方向距离值为 100 位置结果

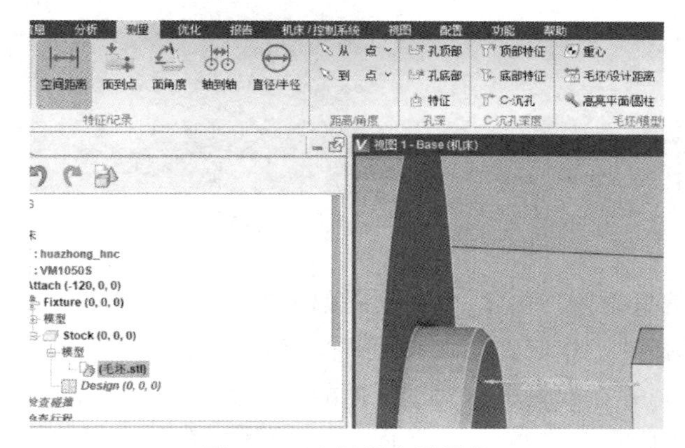

图 2-45　空间距离测量值

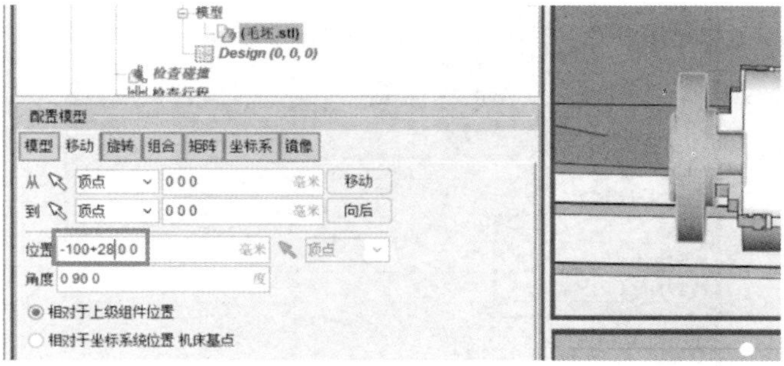

图 2-46　输入精确的距离值后毛坯位置

部件的添加方法和毛坯的一样，在此不再说明。但要明确，部件的导入是为了仿真加工完成之后的结果与其对比，从而验证加工结果的。

⑤ 坐标系统创建　选中项目树中的“坐标系统”，然后点击鼠标右键“新建坐标系统”。在下方配置坐标系统“CSYS”页面的位置-箭头后选择“顶点”，然后鼠标点击毛坯模型最前端的端面，然后在“位置”坐标处将 Y、Z 数值改为“0（零）”，创建与编程坐标系同一位置的加工坐标系。如图 2-47、图 2-48 所示。

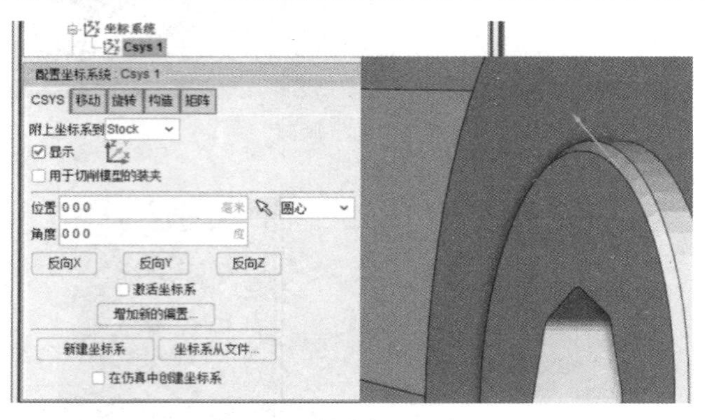

图 2-47　创建加工坐标系

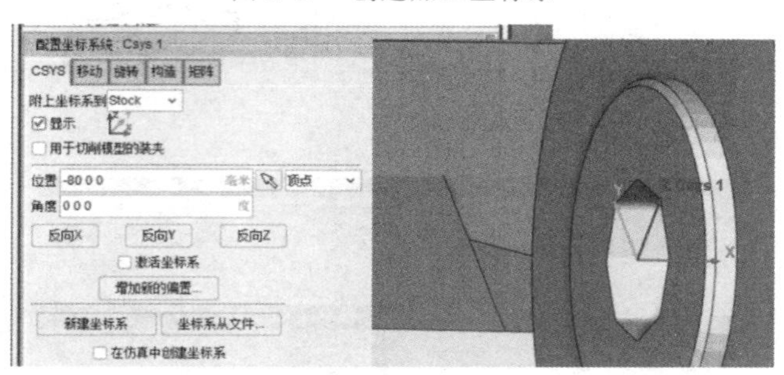

图 2-48　加工坐标系创建结果

⑥ G_代码偏置设置　单击“G_代码偏置”弹出“配置 G_代码偏置”页面，在“偏置”处选择“工作偏置”，点击添加。然后点击项目树 G_代码偏置下方的刚刚添加的项目，并在配置工作偏置页面的“寄存器”一栏中填写“54”。

在随后的“配置工作偏置”页面下的“从”的“名字”选择为“Tool”；“到”的“组件”选择为“坐标原点”，如图 2-49 所示。

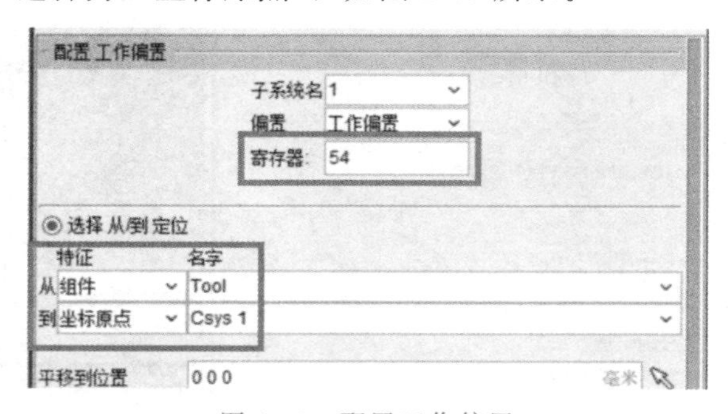

图 2-49　配置工作偏置

⑦ 刀具添加和修改　右键单击项目树中的“加工刀具”，然后选择“刀具管理器”，如图 2-50 所示。

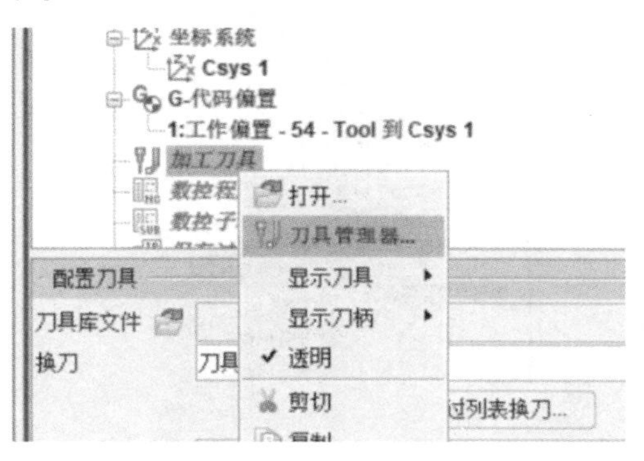

图 2-50　刀具管理器

然后弹出如图 2-50 所示的刀具管理器的对话框。点击“铣刀”，重命名刀具名称为“1”，选择“圆角铣刀”，修改刀具直径和圆角半径分别“8”和“1”，最后点击“自动装夹”和“自动对刀点”。照此方法创建 R1 的球头铣刀，如图 2-51 所示。最后点击保存并关闭刀具管理器。

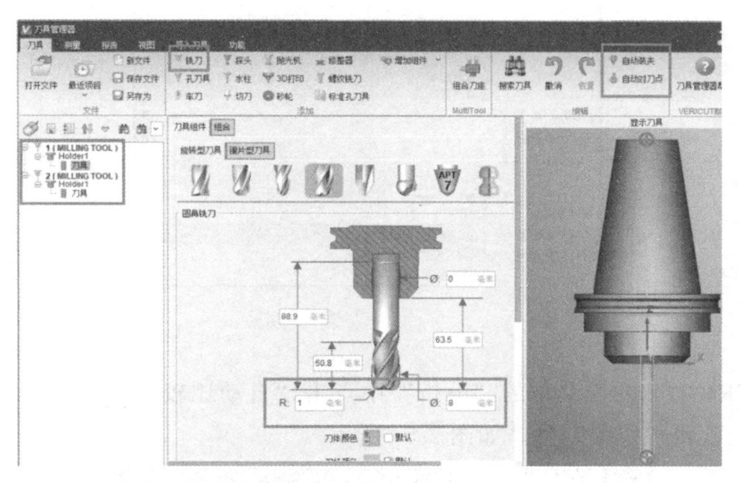

图 2-51　刀路创建结果

⑧ 数控程序导入　右键单击项目树中的“数控程序”，然后选择“添加数控程序文件”或者在项目树下方的“配置数控程序”页中点击“添加数控程序文件”如图 2-52 所示。将后处理的程序导入即可。

⑨ 仿真加工及结果比较　正式仿真加工之前，点击项目树的“工位 1”，在“配置工位 1”的 G 代码页面中的编程方法选择为“刀尖”。然后点击重置，即右下角图标，然后点击右下角图标，开始仿真加工。如图 2-53 所示。

仿真加工结束之后，可以对加工结果和设计模型进行自动比较。比较的结果可以帮助编程人员对程序进行优化和修改从而进一步完善程序的编制。

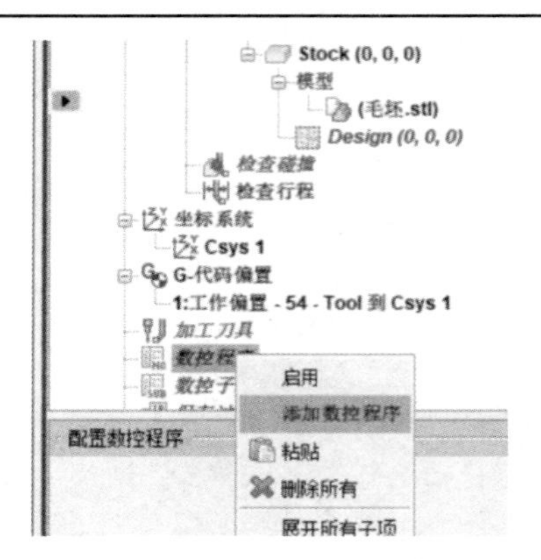

图 2-52　添加数控程序

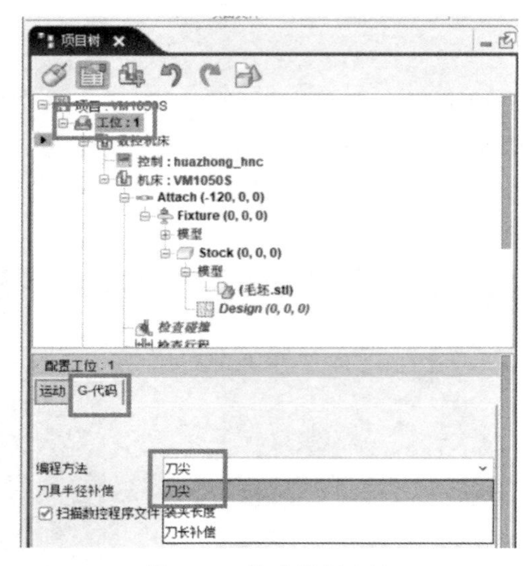

图 2-53　修改编程方法

在 VERICUT 的主菜单的“分析”中点击“自动比较”子菜单，根据要求设置“过切”量和“残留”量。如图 2-54 所示。

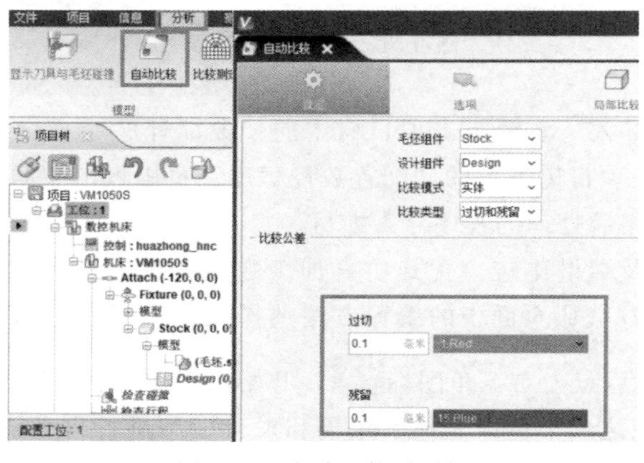

图 2-54　自动比较对话框

三、任务小结

1. 关键知识点

① 曲面驱动方法的特点及应用。

② 垂直于部件和侧刃驱动体刀轴的含义、使用。

③ 裁剪余量的含义与使用。

④ 仿真加工的流程，特别是毛坯位置的调整。

2. 注意事项

① 本任务在提取粗加工驱动曲线时，最好先利用同步建模删除面的方法将叶根圆角删除。这样一方面 ϕ8R1 的刀不至于过切；另一方面叶根圆角也可以自动形成。

② 在一个加工操作中可以同时使用多条驱动曲线，这样可以减少操作的数量，但要注意刀具在多条驱动曲线间运动时是否与零件或夹具等发生干涉。

③ 在仿真加工的过程中，一定要掌握毛坯导入软件之后的通过移动和角度的变化进行位置调整。

④ 在正式进行仿真加工之前一定要注意修改工位的 G 代码页面中的编程方法。

拓展练习工作手册

教学模块	模块一　四轴加工编程
拓展练习	练习 2　薄壁叶轮的四轴加工编程
工作环境	计算机、UG NX 软件
练习级别	基础练习
团队成员	

一、基础任务描述

加工如图 2-55 所示零件，毛坯为叶片包容圆锥，材料为铝合金。要求按单件生产设计其数控加工工艺方案，利用 CAM 软件（UG）编制该零件叶片的数控程序。

① 要求按单件生产设计其数控加工工艺方案；

② 利用 CAM 软件（UG）编制该零件叶片的数控程序；

③ 运用 VERICUT 完成基础练习的虚拟仿真加工。

图 2-55　基础练习

练习级别	进阶练习
团队成员	

二、进阶任务描述

加工如图 2-56 所示零件，毛坯为 ϕ64mm×55mm 棒料，材料为铝合金（除叶片外其他部位已加工到位）。要求：

① 按单件生产设计其数控加工工艺方案；

② 利用 CAM 软件（UG）编制该零件叶片的数控程序。

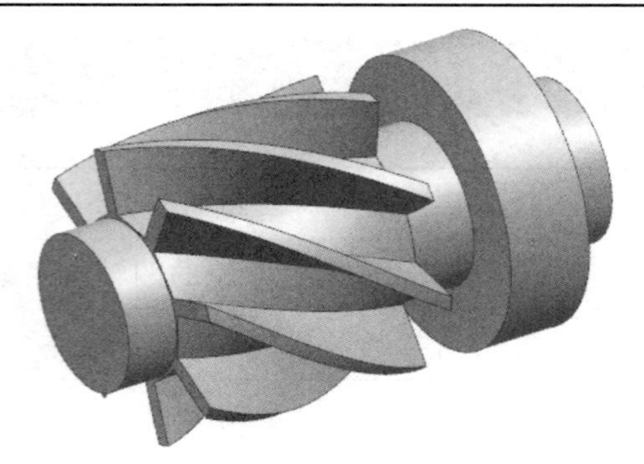

图 2-56 薄壁叶轮

三、任务分析与实施

1. 工艺分析

(1) 装夹方案的确定

(2) 加工工艺方案确定（见表 2-3）

表 2-3 数控加工工序卡片

数控加工工序卡片			产品名称	零件名称	材料	零件图号			
工序		夹具名称		使用设备					
工步号	工步内容		刀具号	主轴转速/(r/min)	进给速度/(mm/r)	背吃刀量/mm	侧吃刀量/mm	驱动方法	刀轴

（3）刀具的确定（见表 2-4）

表 2-4　数控加工刀具卡

<table>
<tr><td colspan="2" rowspan="2">数控加工
刀具卡片</td><td>工序</td><td>产品名称</td><td>零件名称</td><td>夹具名称</td><td>材料</td><td colspan="2">零件图号</td></tr>
<tr><td></td><td></td><td></td><td></td><td></td><td colspan="2"></td></tr>
<tr><td>序号</td><td>刀具号</td><td colspan="2">刀具名称及规格</td><td>刀尖半径/mm</td><td>加工表面</td><td colspan="3">备注</td></tr>
<tr><td></td><td></td><td colspan="2"></td><td></td><td></td><td colspan="3"></td></tr>
<tr><td></td><td></td><td colspan="2"></td><td></td><td></td><td colspan="3"></td></tr>
</table>

2. 各工步关键加工参数及刀路轨迹截图

（1）工步 1（截图）

（2）工步 2（截图）

（3）工步 3（截图）

（4）工步 4（截图）

3. 仿真加工结果截图

随堂测试

班级________　　　　　姓名________

单选题得分	判断题得分	总分

一、单选题（每题1分，共5分）

1. 常见的立式四轴铣床（加工中心）结构为（　　）。

A. $XYZ+A$　　B. $XYZ+B$　　C. $XYZ+C$　　D. $XYZ+D$

2. 以下关于UG刀轴矢量方向说法正确的是（　　）。

A. 从主轴指向工件　　B. 从刀尖指向主轴

C. 从刀尖指向任意方向　　D. 从主轴指向任意方向

3. 以下关于UG投影矢量方向说法正确的是（　　）。

A. 与 X 轴方向相同　　B. 与 Y 轴方向相同

C. 与刀轴方向相同　　D. 与刀轴方向相反

4. 通常用球刀加工较平缓曲面时，表面粗糙度的质量不会很高。这是因为（　　）而造成的。

A. 行距不够密　　B. 步距太小

C. 球刀刀刃不太锋利　　D. 球刀尖部的切削速度几乎为零

5. 高速加工是最重要的现代制造技术，其最关键技术是研究开发（　　）。

A. 性能优良的高速切削机床

B. 高精度CNC系统

C. 高精度、高转速的高速主轴

D. 高控制精度、高进给速度和高进给加速度的进给系统

二、判断题（每题1分，共5分）

（　　）1. 朝向、远离直线是UG四轴编程常用的刀轴方式。

（　　）2. 数控四轴铣床只能做定轴加工，不能做四轴联动加工。

（　　）3. 修剪边界不能设置余量。

（　　）4. 硬质合金是一种耐磨性好、耐热性高，抗弯强度和冲击韧性都较高的刀具材料。

（　　）5. 计算机辅助编程中的安全平面是刀具回退的高度。

考核评价

班级________　　　姓名________

评价内容	考核点	配分	扣分点及扣分标准	自评 30%	互评 30%	师评 40%	得分
工艺规程（20分）	工步安排	6	工艺方案不合理、不优化，每处扣2分；不符合机械加工基本原则不得分				
	刀具选择	4	一处不当扣1分，扣完为止				
	切削用量	6	一处不当扣1分，扣完为止				
	文字表达	4	语言不规范、文字不简练，每处扣1分；表述错误，记0分				
项目作品（50分）	模型处理	10	模型处理不当，每处扣2分，扣完为止				
	加工方法	15	加工方法选择不合理，每次扣1分；加工方法创建错误，每处扣2分				
	参数设置	15	加工参数设置错误每处扣4分；不合理、不优化每处扣2分				
	仿真结果	10	仿真时有空刀扣5分；仿真时每碰撞一次扣2分；表面质量不好扣2～3分				
职业素养（20分）	出勤	5	迟到、早退一次扣0.5分，请假一次扣1分，旷课一节扣2分。缺勤达到本项目1/3学时则本项目按零分计				
	工作态度	3	课前任务完成一般扣1分；完成较差扣2分；完成很差或未完成该项不得分				
		3	课堂表现有序活跃、积极思考、踊跃回答和练习				
		2	实训过程细致、认真，积极帮助其他同学				
		2	服从老师及班干部、小组长安排，如有违反不得分				
	职业规范	2	实训场地干净、整洁；设备、人员安全有序；实训过程符合规范				
	团队协作 语言表达	3	积极主动协助其他成员完成任务，不代替他人完成任务；语言表达准确、术语规范、思路清晰、逻辑严谨、表达流畅				
随堂练习（10分）		10					
综合		100					

项目三 涡轮叶片的四轴加工编程

项目导入

涡轮叶片结构特点

叶片是航空发动机的关键零件，工作条件苛刻，在转子高速转动的条件下，其承受的离心力非常大，最高离心力能达到几十千牛顿，同时叶片承受高温高压气体的热冲击，气体温度从几百摄氏度到上千摄氏度不等。叶片在以上各种条件的作用下，承受交变应力及热应力负荷，最容易产生疲劳破坏，因此叶片的可靠性要求很高，同样其制造要求也很高。

拟实现的教学目标

素质目标

1. 具有高度的质量意识、安全意识、生命意识，叶片的加工质量决定了航空发动机的可靠性，而航空发动机的可靠性决定了飞行的可靠性，进而才能确保人的生命安全；

2. 具有严谨、细致、一丝不苟的工作态度。

知识目标

1. 理解并掌握 UG 流线驱动方法的特点及应用；

2. 理解并掌握 4 轴—相对于驱动体刀轴的含义和使用。

能力目标

1. 能运用 UG 流线驱动方法完成零件的编程；

2. 能正确使用 4 轴—相对于驱动体刀轴完成编程；

3. 能实施涡轮叶片零件的四轴铣削编程。

对接“1+X”多轴数控加工职业技能等级证书标准（中级）技能要求：

1. 能使用机械加工工艺手册，执行四轴加工工艺规程，完成加工工艺分析；

2. 能根据加工零件及数控机床的特点，运用数控加工刀具的理论知识，合理选择刀具的切削用量；

3. 能根据零件特点及工作任务要求，使用CAD/CAM软件，完成四轴联动加工编程。

讨论：在航空发动机的制造领域，对从业人员的职业素养有哪些？简述三条。

课程思政——航空发动机的叶片

下达任务

任务描述

加工如图3-1所示零件，榫头已加工到位，要求按单件生产设计其数控加工工艺方案，利用CAM软件（UG）编制该零件的叶片加工的数控程序。毛坯为200mm×80mm×60mm方料，材料为钛合金。

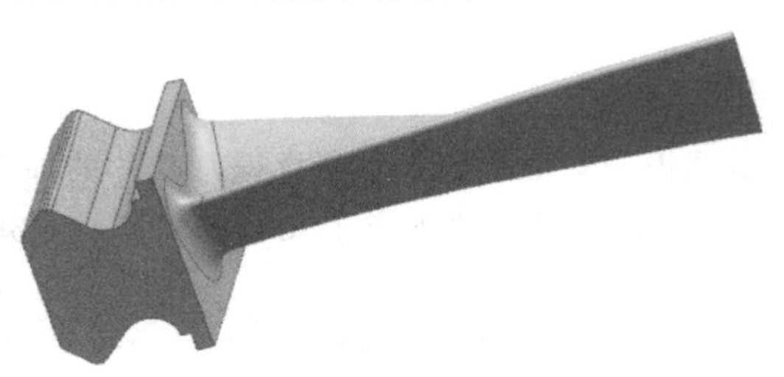

图3-1 涡轮叶片

知识准备

【知识点一】 流线驱动方法

流线驱动方法根据选中的几何体来构建隐式驱动曲面。使用流线可以灵活地创建刀轨。规则面栅格无需进行整齐排列。简单来说就是利用曲面建模的“通过曲线网格”方法构建一个虚拟的驱动曲面。

1. 流线和曲面驱动方法之间的差异

曲面驱动	流线驱动
只能处理曲面	可以处理曲线、边、点和曲面
拥有对中和相切刀具位置	除了对中和相切刀具位置外，还允许接触刀具位置进行固定轴加工

续表

曲面驱动	流线驱动
需要排列整齐的曲面栅格。曲面必须拐角跟拐角匹配，并且必须按特定的次序选择它们。	曲面栅格无需整齐排列。
曲面栅格不连续、排列不整齐	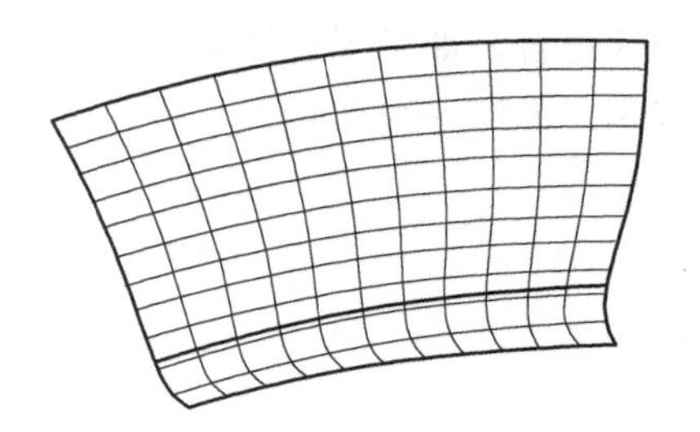 通过曲线网格（即流线）构建的曲面。栅格连续、排列整齐

2. 流线驱动方法的创建方式：自动和指定（手工）

流线驱动方法的创建方式

自动——对于简单的加工，选择切削区域并将选择方法设置为自动，系统可以实现以下功能：

（1）根据“切削区域”边界边缘生成流曲线集和交叉曲线集。

（2）消除孔和小的内部修剪区域。如图 3-2 所示。

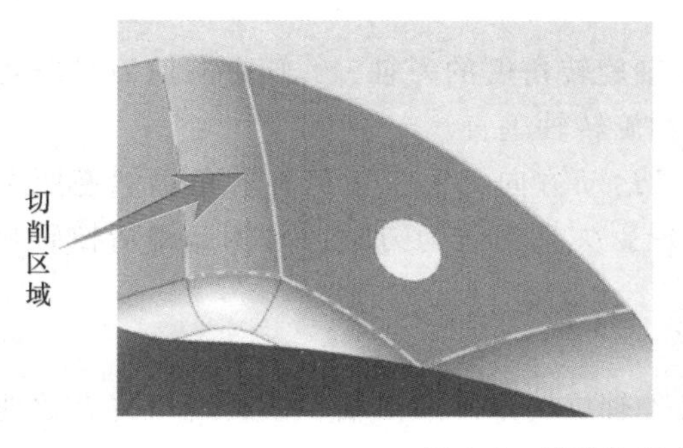

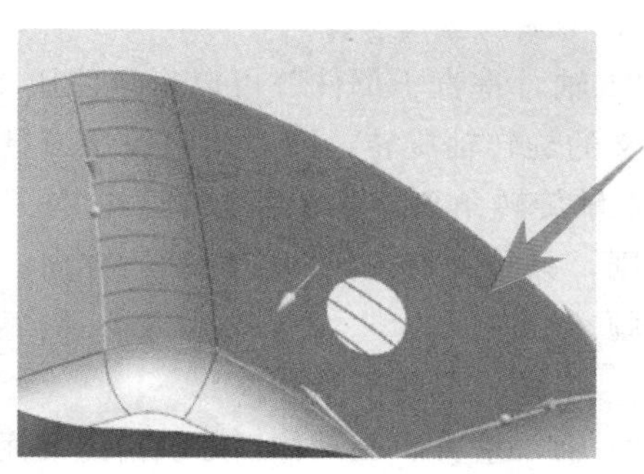

自动生成虚拟曲面

图 3-2　消除孔和小的内部修剪区域

（3）填充流曲线集和交叉曲线集内的小缝隙并光顺其中的小纽结。如图 3-3 所示。

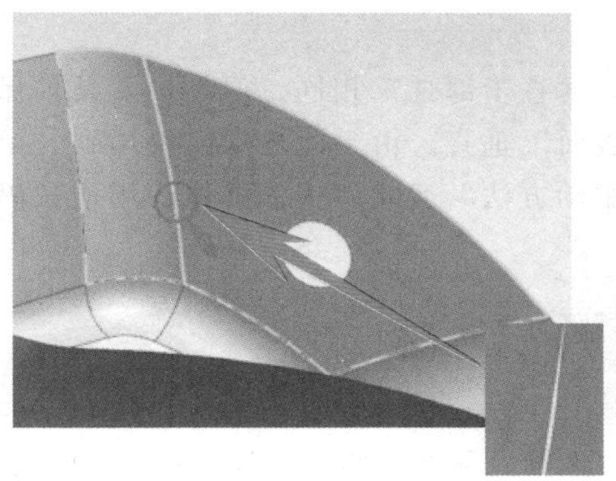

面片缝隙

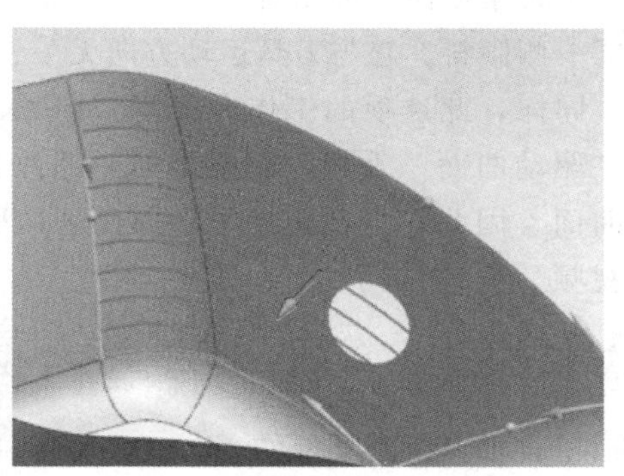

填充缝隙

图 3-3　填充缝隙

指定（手工）——要更精确地控制刀轨，将选择方法设置为指定（手工创建驱动曲面）。通过选择流曲线（A）和交叉曲线（B）（流曲线和交叉曲线可互换）为流线驱动方法定义驱动曲面。选择面的边、线框曲线或点来创建任意数目的流曲线和交叉曲线组合。如果未选择交叉曲线，则系统使用线性线段（C）将流曲线的末端连接起来。如图 3-4 所示。

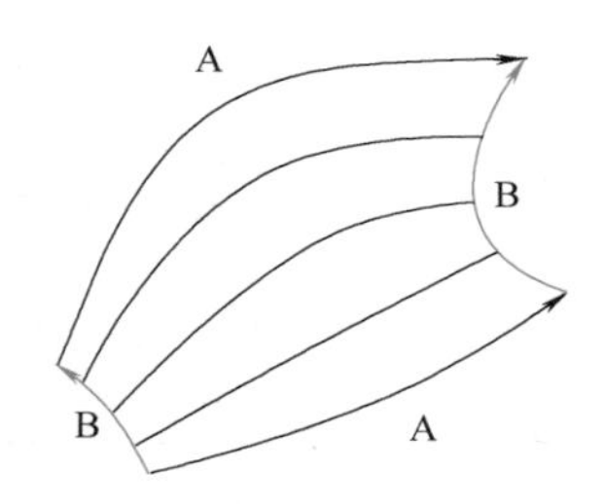

流曲线(A) 和交叉曲线(B)

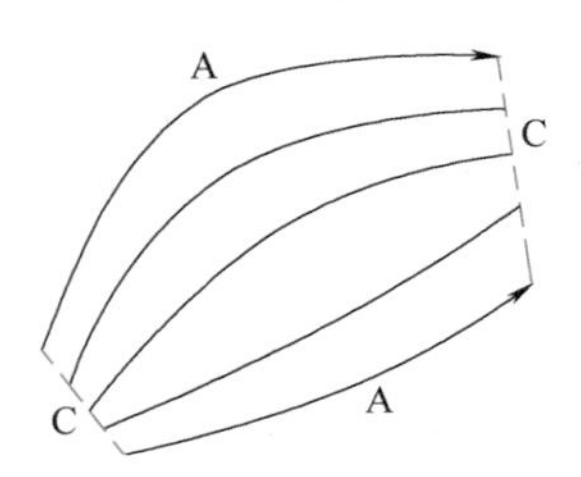

流曲线(A) 和系统生成线性曲线(C)

图 3-4　手工创建

4轴，垂直于部件或驱动体

【知识点二】　4 轴，垂直于部件或驱动体

1. 4 轴，垂直于部件

“4 轴，垂直于部件”可以指定使用 4 轴旋转角度的刀轴。4 轴方向使刀具绕着所定义的旋转轴旋转，同时始终保持刀具和旋转轴垂直。

4 轴旋转角只与旋转轴有关，它与刀具运动方向无关。正负旋转角仍然遵照右手法则，只是大拇指指向旋转轴的方向。投影矢量不能为刀轴。具体运用请扫码观看视频。

2. 4 轴，垂直于驱动体

“4 轴，垂直于驱动体”可以指定使用 4 轴旋转角度的刀轴。该旋转角将有效地绕一个轴旋转部件，这如同部件在带有单个旋转台的机床上旋转。4 轴方向将使刀具在垂直于所定义旋转轴的平面内运动。

旋转角度使刀轴相对于“驱动曲面”的法向轴倾斜。4 轴旋转角始终向法向轴的同一侧倾斜。它与刀具运动方向无关。

同样，此选项的工作方式与“4 轴，垂直于部件”相同。但是，刀具仍保持与“驱动曲面”垂直，而不是与“部件表面”垂直。由于此选项需要用到一个驱动曲面，因此它只在使用了“曲面区域驱动方法”后才可用。具体运用请扫码观看视频。

【知识点三】　4 轴，相对于部件或驱动体

1. 4 轴，相对于部件

“4 轴，相对于部件”的工作方式与“4 轴，垂直于部件”基本相同。但是，4 轴，相对于部件可以设置一个“前倾角”和一个“侧倾角”。由于这是 4 轴加工方法，“侧倾角”通常保留为其默认值零度。

2. 4轴，相对于驱动体

4轴，相对于部件或驱动体

“4 轴，相对于驱动体”投影矢量可设为刀轴，以使用 4 轴旋转角。该旋转角将有效地绕一个轴旋转部件，这如同部件在带有单个旋转台的机床上旋转。与“4 轴，垂直于驱动体”不同的是，它还可以定义前倾角和侧倾角。也就是说，通过设置侧倾角，刀轴与驱动体所在的平面可以成任意角度。

注：前倾角、侧倾角含义、作用及正负角度判别方法参看项目二知识点二相对于部件刀轴。

知识点交流： 4 轴，相对于部件或驱动体中设置前倾角的目的是什么？

【知识点四】　双 4 轴在部件或驱动体上

1. 双 4 轴在部件上

“双 4 轴在部件上”与“4 轴，相对于部件”的工作方式基本相同。与“4 轴，相对于部件”类似，可以设置一个 4 轴旋转角、一个前倾角和一个侧倾角。4 轴旋转角将有效地绕一个轴旋转部件，这如同部件在带有单个旋转台的机床上旋转。但在“双 4 轴”中，可以分别为单向移动和往复移动定义这些参数。“双 4 轴在部件上”仅在使用往复切削类型时可用。通俗说，双四轴的侧倾、前倾仅相对于当前走刀方向而言，所以它的侧倾、前倾会随着走刀方向变化而变化（针对往复切削模式而言，同时注意旋转轴的矢量方向应与走刀方向平行）。

双4轴在部件或驱动体上

2. 双 4 轴在驱动体上

“双 4 轴在驱动体上”与“双 4 轴在部件上”的工作方式完全相同。二者唯一的区别是“双 4 轴在驱动体上”参考的是驱动曲面几何体，而不是部件表面几何体。

【知识点五】　钛合金切削特性及切削用量

钛合金具有比强度高、化学活性大、导热系数低、弹性模量小等特点。因为其固有的性能导致了钛合金成了典型的难加工材料。钛合金切削特性如下：

（1）切削温度高

钛合金的导热性差，是不良导热体金属材料。由于导热、导温系数小，是 45 钢的 1/6，所以在加工时所产生的高热量不能有效扩散，同时刀具的切削刃和切屑的接触长度短，使热量大量聚集在切削刃上，温度急剧上升，导致刀刃的红硬性下降，刀刃软化，加快刀具磨损。

（2）化学活性高

在加工中，随着切屑温度的升高，容易与空气中的 O、N、CO、CO_2、H_2O 等发生反应，使间隙元素 O、N 的含量增加，工件的表面氧化变硬，难以加工，增大了刀具单位面积上所承受的切削力，刀尖应力变大，同时使前刀面和后刀面与工件的摩擦加剧，这将导致刀刃迅速磨损或崩刃。

（3）弹性模量小

在切削中容易产生较大变形、回弹、扭曲和振动，造成加工件几何形状和精度差，表面粗糙度增大，刀具磨损增加。

加工钛合金材料铣削及钻削切削参数见表 3-1～表 3-4。

表 3-1　机夹铣刀铣削钛合金切削参数表

<table>
<tr><td rowspan="8">被加工材料</td><td rowspan="8">热处理方式</td><td rowspan="8">抗拉强度 σ_b/MPa</td><td colspan="4">刀具材料</td></tr>
<tr><td>钨钴硬质合金 TiAIN 涂层</td><td>钨钴硬质合金</td><td>超细微粒钨钴硬质合金</td><td>钨钴硬质合金 TiCN 涂层</td></tr>
<tr><td colspan="4">铣削宽度 a_e/mm≤0.2×铣刀有效直径 D_c</td></tr>
<tr><td colspan="4">切削深度 a_p/mm</td></tr>
<tr><td colspan="4">0.25～2-0.5～2-3～10</td></tr>
<tr><td colspan="4">每齿进给量 f_z/(mm/z)</td></tr>
<tr><td>0.05～0.15～0.2</td><td>0.1～0.15～0.2</td><td>0.1～0.15～0.2</td><td>0.05～0.15～0.25</td></tr>
<tr><td colspan="4">切削速度 v_c/(m/min)</td></tr>
<tr><td>TC1、TC2、TA7</td><td>退火</td><td>650～880</td><td>60～60～50</td><td>60～55～50</td><td>50～50～45</td><td>60～50～45</td></tr>
<tr><td>ZT4、TC4、TC9
TA15、TA11、TA14</td><td>退火</td><td>930～1030</td><td>60～55～45</td><td>55～50～45</td><td>45～45～40</td><td>55～45～40</td></tr>
<tr><td>TA19、TC8、TC6、
TC11、TC17</td><td>退火</td><td>1060～1160</td><td>50～40～40</td><td>45～40～35</td><td>40～35～30</td><td>45～40～35</td></tr>
<tr><td>TC4、TA14</td><td>淬火+时效</td><td rowspan="2">1170～1200</td><td rowspan="2">45～35～35</td><td rowspan="2">40～35～30</td><td rowspan="2">35～30～25</td><td rowspan="2">40～35～30</td></tr>
<tr><td>TC6</td><td>淬火</td></tr>
<tr><td>TC6、TC11、TC17</td><td>淬火+时效</td><td>1270～1300</td><td>40～30～30</td><td>35～30～25</td><td>30～25～20</td><td>35～30～25</td></tr>
</table>

表 3-2　整体硬质合金铣刀侧面铣削钛合金切削参数表

<table>
<tr><td rowspan="4">被加工材料</td><td rowspan="4">热处理方式</td><td rowspan="4">抗拉强度 σ_b/MPa</td><td colspan="6">刀具材料</td></tr>
<tr><td colspan="6">钨钴硬质合金、钨钴硬质合金 TiAIN 涂层</td></tr>
<tr><td colspan="3">切削深度 a_p/mm 和切削宽度 a_e/mm 范围
$a_p \leq 0.1 \times D_c$
$a_e < 0.3 \times D_c$</td><td colspan="3">切削深度 a_p(mm)和切削宽度 a_e(mm)范围
$a_p \leq D_c$
$a_e < 0.1 \times D_c$</td></tr>
<tr><td>切削速度 v_c /(m/min)</td><td rowspan="2">铣刀直径 D_c /mm</td><td rowspan="2">每齿进给量 f_z/(mm/z)</td><td>切削速度 v_c /(m/min)</td><td rowspan="2">铣刀直径 D_c /mm</td><td rowspan="2">每齿进给量 f_z /(mm/z)</td></tr>
<tr><td>TC1、TC2、TA7</td><td>退火</td><td>650～880</td><td>65～115</td><td>50～80</td></tr>
<tr><td rowspan="2">ZT4、TC4、TC9
TA15、TA11、TA14</td><td rowspan="2">退火</td><td rowspan="2">930～1030</td><td rowspan="2">60～105</td><td>3</td><td>0.03～0.04</td><td rowspan="2">50～70</td><td>3</td><td>0.01～0.02</td></tr>
<tr><td>4</td><td>0.04～0.07</td><td>4</td><td>0.02～0.04</td></tr>
<tr><td rowspan="2">TA19、TC8、TC6、
TC11、TC17</td><td rowspan="2">退火</td><td rowspan="2">1060～1160</td><td rowspan="2">50～90</td><td>5</td><td>0.05～0.09</td><td rowspan="2">40～60</td><td>5</td><td>0.03～0.06</td></tr>
<tr><td>6</td><td>0.05～0.10</td><td>6</td><td>0.03～0.07</td></tr>
<tr><td rowspan="2">TC4、TA14</td><td rowspan="2">淬火+时效</td><td rowspan="3">1170～1200</td><td rowspan="3">45～80</td><td>8</td><td>0.06～0.11</td><td rowspan="3">35～55</td><td>8</td><td>0.05～0.09</td></tr>
<tr><td>10</td><td>0.07～0.12</td><td>10</td><td>0.07～0.12</td></tr>
<tr><td>TC6</td><td>淬火</td><td>12</td><td>0.08～0.13</td><td>12</td><td>0.08～0.13</td></tr>
<tr><td rowspan="2">TC6、TC11、TC17</td><td rowspan="2">淬火+时效</td><td rowspan="2">1270～1300</td><td rowspan="2">40～70</td><td>16</td><td>0.09～0.16</td><td rowspan="2">30～48</td><td>16</td><td>0.09～0.15</td></tr>
<tr><td>20</td><td>0.13～0.25</td><td>20</td><td>0.10～0.16</td></tr>
</table>

表 3-3 整体硬质合金铣削曲面及凹槽——钛合金切削参数表

被加工材料	热处理方式	抗拉强度 σ_b/MPa	刀具材料：钨钴硬质合金 TiAIN 涂层 GC1010 切削速度 v_c/(m/min)	刀具材料：钨钴硬质合金 H10F 切削速度 v_c/(m/min)	刀具材料：钨钴硬质合金、钨钴硬质合金 TiAIN 涂层 切削速度 v_c/(m/min)
TC1、TC2、TA7	退火	650～880	73～125	40～52	52～62
ZT4、TC4、TC9、TA15、TA11、TA14	退火	930～1030	67～115	38～48	48～57
TA19、TC8、TC6、TC11、TC17	退火	1060～1160	56～96	32～40	40～48
TC4、TA14	淬火＋时效	1170～1200	50～86	29～36	36～43
TC6	淬火				
TC6、TC11、TC17	淬火＋时效	1270～1300	45～77	25～32	32～38

曲面切削深度 a_p(mm)和切削宽度 a_e(mm)范围：$a_p \leqslant 0.05\times D_c$，$a_e \leqslant 0.5\times a_p$

铣刀直径 D_c/mm	每齿进给量 f_z/(mm/z)
3	0.03～0.04
4	0.04～0.07
5	0.05～0.09
6	0.05～0.10
8	0.06～0.11
10	0.07～0.12
12	0.08～0.13
16	0.09～0.16
20	0.09～0.16

凹槽切削深度 a_p(mm)和切削宽度 a_e(mm)：$a_p\times a_e \leqslant 0.5\times D_c$

铣刀直径 D_c/mm	每齿进给量 f_z/(mm/z)
3	0.01～0.02
4	0.01～0.03
5	0.02～0.03
6	0.02～0.04
8	0.03～0.04
10	0.04～0.05
12	0.04～0.06
16	0.05～0.08
20	0.06～0.08

表 3-4 钻削钛合金切削参数表

被加工材料	热处理方式	抗拉强度 σ_b/MPa	刀具材料	切削速度 v_c/(m/min)	钻头直径 D_c/mm 3～6	6.01～10	10.01～14	14.01～20
					进给量 f_n/(mm/r)			
TC1、TC2、TA7	退火	650～880	超细微粒钨钴硬质合金 钨钴硬质合金 TiCN 涂层	17～33	0.06～0.11	0.08～0.17	0.15～0.26	0.17～0.3
ZT4、TC4、TC9、TA15、TA11、TA14	退火	930～1030		16～32	0.06～0.1	0.08～0.16	0.14～0.25	0.16～0.28
TA19、TC8、TC6、TC11、TC17	退火	1060～1160		15～30	0.06～0.1	0.08～0.15	0.13～0.24	0.15～0.26
TC4、TA14	淬火＋时效	1170～1200		14～28	0.05～0.09	0.07～0.14	0.12～0.22	0.14～0.25
TC6	淬火							
TC6、TC11、TC17	淬火＋时效	1270～1300		13～25	0.05～0.08	0.06～0.13	0.11～0.2	0.13～0.22

任务实施工作手册

教学模块	模块一　四轴加工编程
项目名称	项目三　涡轮叶片的四轴加工编程
工作环境	计算机、UG NX 软件

一、任务描述

加工如图 3-1 所示零件，榫头已加工到位，毛坯为 200mm×80mm×60mm 方料，材料为 TC4。要求：

① 按单件生产设计其数控加工工艺方案；

② 利用 CAM 软件（UG）编制该零件的四轴数控加工程序。

二、任务分析与实施

1. 工艺分析

零件分析与准备工作

涡轮叶片的零件的榫头是通过拉削的方法加工，而叶身部分可以用 UG 四轴加工方法完成。叶片粗加工在四轴设备上分正、反两面定位开粗。叶片的精加工以刀具绕四轴轴线做联动方式完成。榫头和叶片连接部分的曲面和圆角面则通过刀具的侧刃完成加工。

2. 加工工艺方案及刀具的确定（见表 3-5）

表 3-5　数控加工工序卡片

数控加工工序卡片			产品名称	零件名称	材料	零件图号		
			涡轮叶片	涡轮叶片	TC4	CSHY-FDJ-03		
工序	数铣	夹具名称	SXZY-01	使用设备		VMC850		
工步号	工步内容		刀具类型	刀具直径/mm	主轴转速/(r/min)	进给速度/(mm/min)	刀具名称	操作名称
1	叶片粗加工		圆角刀	ϕ30R5	580	300	D30R5	1
2	叶片叶身面精加工		球头铣刀	ϕ16	1000	600	R8	2
3	叶片底面及叶根精加工		球头铣刀	ϕ16	1000	600	R8	3

3. 各工步实施过程及关键加工参数设置

（1）涡轮叶片零件分析与准备工作

① 零件分析

通过分析距离和局部半径，叶片总长度为 182mm，叶片部分长度为 140mm，叶片和榫头间圆角半径为 $R8$。

② 准备工作

毛坯创建：通过叶片与榫头连接面的外轮廓两头拉伸方式，创建叶片方向长度为 160mm 的毛坯。

坐标系创建：进入加工模块，将“工序导航器”切换至“几何视图”。设置加工坐标系的 X 轴与叶片的轴线平行。

刀具创建：创建名称为 D30R5 的圆角刀和 R8 的球头铣刀。

编程思路：将叶片两头都视为毛坯，将叶片加工完后，然后将非榫头一头的材料去掉即可。

（2）叶片粗加工

叶片粗加工

开粗思路为，四轴定向正反面开粗。要实现此方式，必须限定正反面开粗时各自的最低位置以及左右位置。

① 模型处理

通过偏置面方法将叶片尖端延伸 20mm，然后在叶尖一头创建与毛坯长宽一致，厚度为 40mm 的方块作为叶片加工另一头的限制。

利用直线命令在叶片侧面两过渡圆弧中间位置绘制两条直线，然后拉伸为两个面，将拉伸面向上或者向下偏置 5mm 左右。两侧与叶片垂直的面进行扩大。结果如图 3-5 所示。

> **专题研讨：** 在叶片粗加工时，在叶片进、排气边两侧创建平面的目的是什么？为什么要用上、下位置不同的两个平面？能不能只用一个平面？

图 3-5　叶片粗加工模型处理结果

② 创建操作

进入加工环境，单击“创建工序”，选择类型为“mill _ contour”，工序子类型为“型腔铣”，刀具选择“D30R5”，几何体选择“WORKPIECE”，名称设置为“1”。

③ 几何体参数设置

部件选择除毛坯以外的所有实体，如图 3-6 所示。毛坯选择拉伸长度 160mm 的方块，检查面选择第①步模型处理中创建的其中四个面（加工叶身凸起部分，就要选择下侧的水平面；反之选择上侧的水平面）。如图 3-7 所示。

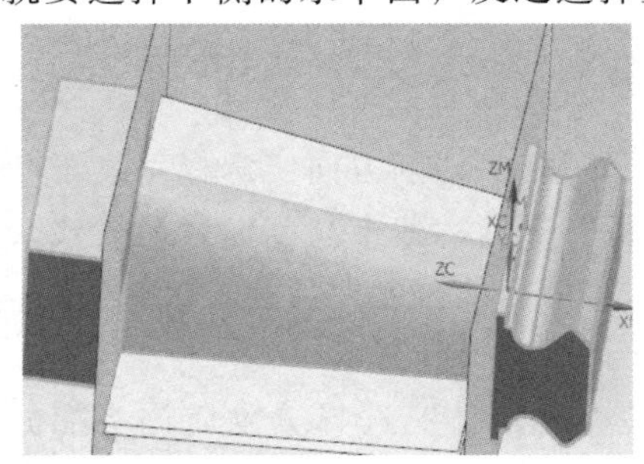

图 3-6　部件几何体

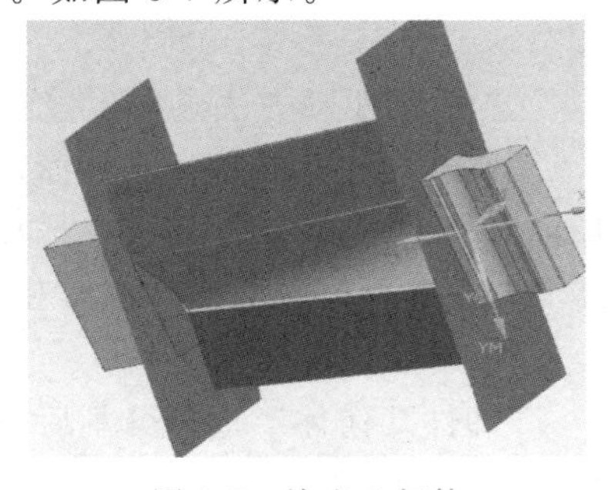

图 3-7　检查几何体

④ 其他参数设置

“刀轴”垂直于水平面，“切削模式”选择“跟随周边”，“最大距离”设为“1”。切削参数策略页中，“切削方向”选择“顺铣”，“切削方向”选择“深度优先”，“刀路方向”选择“向内”；余量页中，激活“使底面余量与侧面余量一致”，“部件侧面余量”设为“0.5”，其他参数默认；非切削移动参数默认；进给率和速度参数中按照表 3-1 设置主轴速度和进给率。最后点击“生成”按钮，产生出叶片一面粗加工刀路轨迹。如图 3-8 所示。

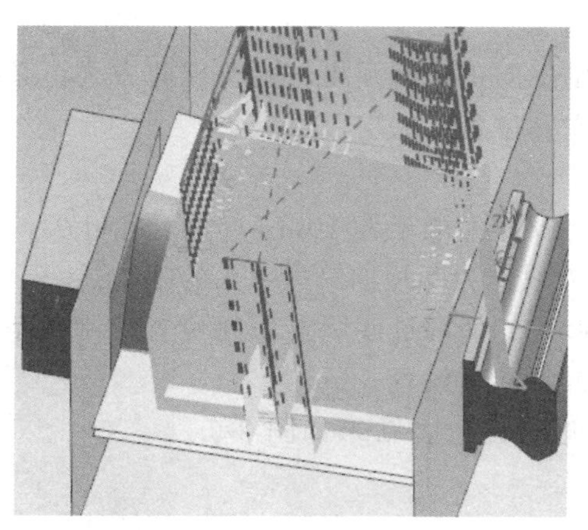

图 3-8 叶片一面粗加工刀路轨迹

叶片叶身
面精加工

⑤ 叶片另一面粗加工

叶片另一面粗加工方法与前面的方法一样，只是注意水平检查面需要更换。此处不再详细说明，如有疑问请扫描二维码观看微课。

（3）叶片叶身面精加工

① 模型处理

创建叶片两端面与之平行距离为 8mm（刀具半径）的基准面，然后用基准面将叶片实体分割。此做法原因是：榫头与叶片叶身间圆角界线不在一个平面，直接使用叶身面作为驱动面刀路会有问题。

② 创建操作

单击“创建工序”，选择类型为“mill _ multi _ axis”，工序子类型为第一个“可变轮廓铣”，刀具选择“R8”，几何体选择“WORKPIECE”，名称设置为“2”。

③ 曲面驱动方法参数设置

“驱动几何体”选择叶片面，“材料侧”指向外侧，“切削方向”选择垂直于叶片轴向的方向，“切削模式”选择“螺旋”，“步距”选择“残余高度”，“最大残余高度”设为“0.01”，“切削步长”设为“公差”，“内、外公差”设为“0.01”。

④ 其他参数设置

“部件几何体”选择分割后的叶片叶身，“检查几何体”选择分割后榫头部分实体。

"刀轴"选择"4 轴，相对于驱动体"，"前倾角"设为"10"。

切削参数余量页中，"余量"设为"0"，"内、外公差"设置为"0.003"；安全设置页中，"过切时"设为"退刀"，"检查安全距离"设为"0.5"；其他参数默认；非切削移动参数保持默认；进给率和速度参数中按照表 3-5 设置。产生出叶片叶身面精加工刀路轨迹，如图 3-9 所示。

（4）叶片底面及叶根精加工

叶片底面及叶根精加工

① 叶根圆角编程模型处理

将榫头面上的圆角轮廓线投影到距离为 8mm 的基准平面上，然后将投影线向外偏置 10mm。在两条样条线的两处圆角处绘制六根直线，作为引导流曲线的交叉曲线。如图 3-10 所示。

② 叶片底面编程模型处理

在叶片底面上利用圆弧命令绘制 4 组相似于榫头面上的圆角轮廓线的圆弧。如图 3-11 所示。

图 3-9　叶片叶身面精加工刀路轨迹

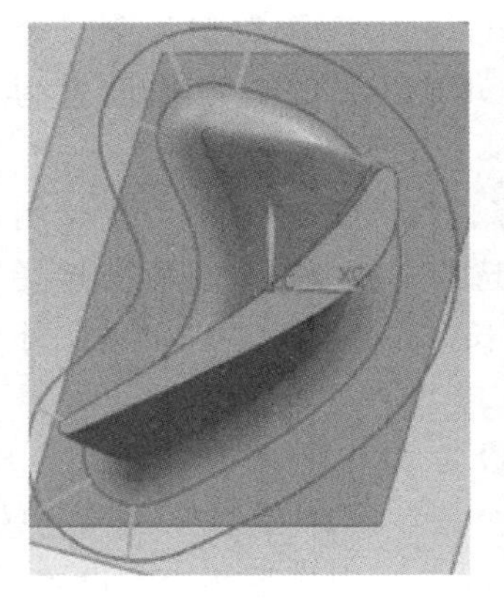

图 3-10　叶根圆角编程曲线

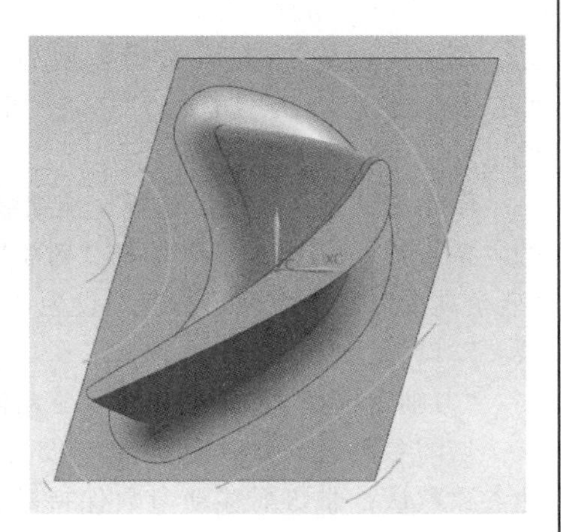

图 3-11　叶片底面编程曲线

③ 底面程序编制

单击"创建工序"，选择类型为"mill_multi_axis"，工序子类型为第二个"可变流线铣"，刀具选择"R8"，几何体选择"WORKPIECE"，名称设置为"3-1"。

驱动方法选择流线，选择流曲线（一组间的两条），“材料侧”垂直于底面向外，“刀具位置”选择“相切”，“切削模式”选择“往复”，“步距”选择“残余高度”，“最大残余高度”设为“0.01”，“切削步长”设为“公差”，“内、外公差”设为“0.01”。

“刀轴”选择“4 轴，相对于驱动体”，“侧倾角”设为“90 或－90”。

切削参数余量页中，“余量”设为“0”，“内、外公差”设置为“0.003”；其他参数默认；非切削移动参数保持默认；进给率和速度参数中按照表 3-5 设置。产生出叶片底面一个角精加工刀路轨迹。

其余三组刀路与第一组完全一样，最后四组刀路轨迹如图 3-12 所示。

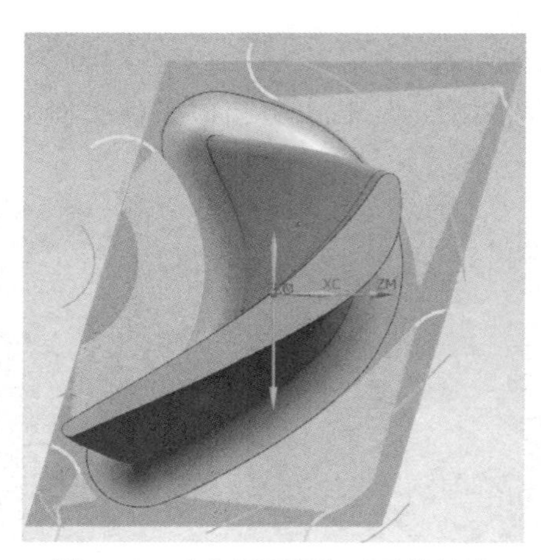

图 3-12 叶片底面精加工刀路轨迹

④ 叶根圆角程序编制

单击“创建工序”，选择类型为“mill_multi_axis”，工序子类型为第二个“可变流线铣”，刀具选择“R8”，几何体选择“WORKPIECE”，名称设置为“3-2”。

驱动方法选择流线，选择“流曲线”为封闭的样条曲线，“交叉曲线”为绘制的六条直线，“刀具位置”选择“对中”，“切削模式”选择“往复”，“步距”选择“残余高度”，“最大残余高度”设为“0.01”，“切削步长”设为“公差”，“内、外公差”设为“0.01”。

“刀轴”选择“4 轴，相对于驱动体”，“侧倾角”设为“90 或－90”。

切削参数余量页中，“余量”设为“0”，“内、外公差”设置为“0.003”；其他参数默认；非切削移动参数保持默认；进给率和速度参数中按照表 3-1 设置。产生出叶片底面及叶根圆角精加工刀路轨迹，如图 3-13 所示。

三、任务小结

1. 关键知识点

① 流线驱动方法的创建方法及应用场合；

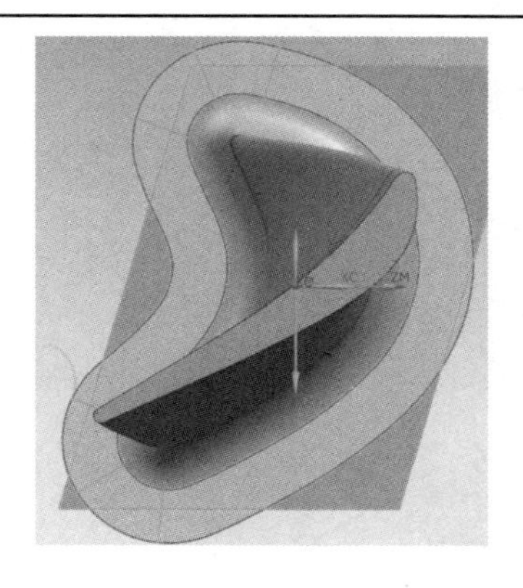

图 3-13　叶片底面及叶根圆角精加工刀路轨迹

②“4 轴，相对于驱动体”刀轴的使用及前倾、侧倾角的含义和设置。

2. 注意事项

① 本任务零件总长较长，所以四轴加工时必须采用一夹一顶的方式。基于上述原因，在加工前模型处理时需要将叶片编程长度加长，并在叶尖加上一定厚度的装夹体。

② 本任务在粗加工阶段分为了上、下两次。通过创建左、右及最低位置的面作为干涉面控制了单次开粗的加工范围。这样既保证了加工的效率，同时开粗后的毛坯更有利于后续的加工。

③ 叶片底面及叶根精加工采用了流线驱动的加工方法。而该工步编程则分为了两部分，首先将叶片底面外围完成精加工，然后完成内围及叶根的精加工。这样做虽说较烦琐，但是避免了叶根轮廓完全偏置出底面而造成的过多空刀，进而提高了效率，节约了成本。

拓展练习工作手册

教学模块	模块一 四轴加工编程
拓展练习	练习 3 榫头叶片的四轴编程与仿真加工
工作环境	计算机、UG NX 软件
练习级别	基础练习
团队成员	

一、基础任务描述

加工如图 3-14 所示零件，毛坯为叶片包容圆锥，材料为钛合金 TC9（右端圆柱已加工到位）。要求按单件生产设计其数控加工工艺方案，利用 CAM 软件（UG）编制该零件的数控程序。

① 要求按单件生产设计其数控加工工艺方案；

② 利用 CAM 软件（UG）编制该零件的数控程序。

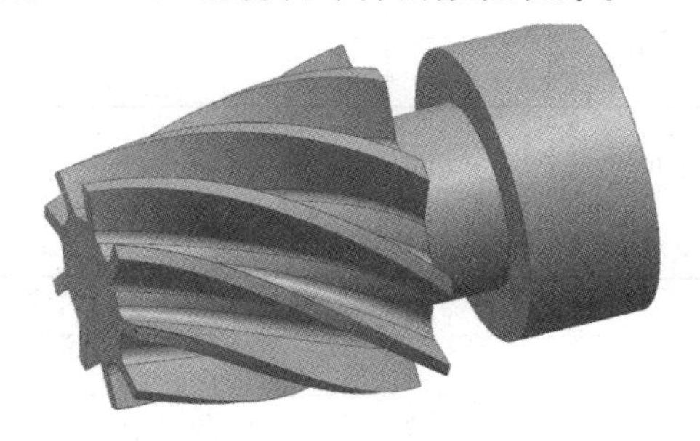

图 3-14 基础练习

练习级别	进阶练习
团队成员	

二、进阶任务描述

加工如图 3-15 所示零件，毛坯为 150mm×50mm×50mm 方料，材料为钛合金 TC9（榫头部位已加工到位）。要求：

① 按单件生产设计其数控加工工艺方案；

② 利用 CAM 软件（UG）编制该零件的数控程序。

三、任务分析与实施

1. 工艺分析

（1）装夹方案的确定

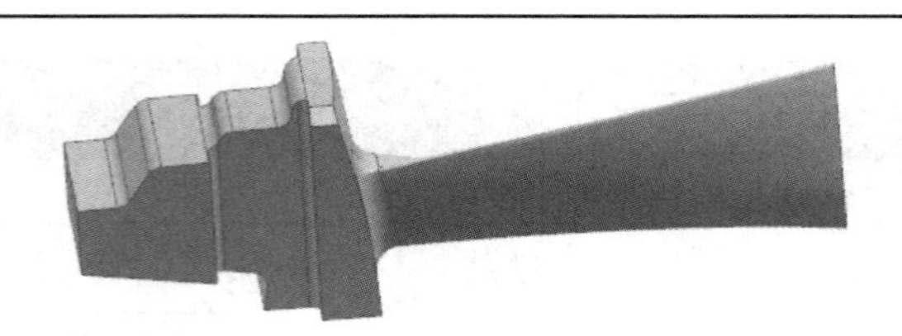

图 3-15 榫头叶片

（2）加工工艺方案确定（见表 3-6）

表 3-6 数控加工工序卡片

<table>
<tr><td colspan="3" rowspan="2">数控加工工序卡片</td><td>产品名称</td><td>零件名称</td><td colspan="2">材料</td><td colspan="2">零件图号</td></tr>
<tr><td></td><td></td><td colspan="2"></td><td colspan="2"></td></tr>
<tr><td>工序</td><td></td><td>夹具名称</td><td></td><td colspan="3">使用设备</td><td colspan="2"></td></tr>
<tr><td>工步号</td><td>工步内容</td><td>刀具号</td><td>主轴转速/(r/min)</td><td>进给速度/(mm/r)</td><td>背吃刀量mm</td><td>侧吃刀量/mm</td><td>驱动方法</td><td>刀轴</td></tr>
<tr><td></td><td></td><td></td><td></td><td></td><td></td><td></td><td></td><td></td></tr>
<tr><td></td><td></td><td></td><td></td><td></td><td></td><td></td><td></td><td></td></tr>
<tr><td></td><td></td><td></td><td></td><td></td><td></td><td></td><td></td><td></td></tr>
<tr><td></td><td></td><td></td><td></td><td></td><td></td><td></td><td></td><td></td></tr>
</table>

（3）刀具的确定（见表 3-7）

表 3-7 数控加工刀具卡

<table>
<tr><td colspan="2" rowspan="2">数控加工
刀具卡片</td><td>工序</td><td>产品名称</td><td>零件名称</td><td>夹具名称</td><td>材料</td><td>零件图号</td></tr>
<tr><td></td><td></td><td></td><td></td><td></td><td></td></tr>
<tr><td>序号</td><td>刀具号</td><td colspan="3">刀具名称及规格</td><td>刀尖半径/mm</td><td>加工表面</td><td>备注</td></tr>
<tr><td></td><td></td><td colspan="3"></td><td></td><td></td><td></td></tr>
<tr><td></td><td></td><td colspan="3"></td><td></td><td></td><td></td></tr>
</table>

2. 各工步关键加工参数及刀路轨迹截图

（1）工步 1（截图）

（2）工步 2（截图）

（3）工步 3（截图）

（4）工步 4（截图）

3. 仿真加工结果截图

随堂测试

班级________　　　姓名________

单选题得分	判断题得分	总分

一、单选题（每题1分，共5分）

1. UG四轴编程时刀轴使用“4轴，垂直于部件”，其中旋转角度的正负判别方法为（　　）。

A. 右手法则　　B. 左手法则　　C. 顺时针法则　　D. 逆时针法则

2. 以下属于UG投影矢量类型的是（　　）。

A. 远离 X 轴　　B. 朝向 X 轴　　C. 朝向驱动体　　D. 远离驱动体

3. 以下属于UG刀轴类型的是（　　）。

A. 垂直于 X 轴　　B. 相对于 X 轴　　C. 远离 X 轴　　D. 侧刃驱动体

4. 关于CAM软件模拟仿真加工，下列说法错误的是（　　）。

A. 可以把零件、夹具、刀具用真实感图形技术动态显示出来，模拟实际加工过程

B. 模拟时可清楚看到整个加工过程，找出加工中是否发生过切、干涉、碰撞等问题

C. 通过加工模拟可以达到试切加工的验证效果，甚至可以不进行试切

D. 可以模拟刀具受力变形、刀具强度、韧性、机床精度等问题

5. 进行薄壁加工时，为了防止工件变形，需要采取措施，而下面的（　　）描述是不合理的。

A. 粗精加工分开　　B. 增加装夹接触面积

C. 采用径向夹紧　　D. 采用辅助工艺支承提高刚性

二、判断题（每题1分，共5分）

（　　）1. 当使用流线驱动方法时，刀轴的选择类型最多。

（　　）2. 当使用流线驱动方法时，必须指定部件几何体。

（　　）3. 当使用流线驱动方法时，驱动体必须同时有流曲线和交叉曲线。

（　　）4. 数控系统插补误差是不可避免的，但可以采用一些方法来减小插补误差。

（　　）5. 正的“侧倾角”角度值表示沿着刀具运动方向看，刀具向右侧偏摆。

考核评价

班级________　　　　姓名________

评价内容	考核点	配分	扣分点及扣分标准	自评 30%	互评 30%	师评 40%	得分
工艺规程（20分）	工步安排	6	工艺方案不合理、不优化，每处扣2分；不符合机械加工基本原则不得分				
	刀具选择	4	一处不当扣1分，扣完为止				
	切削用量	6	一处不当扣1分，扣完为止				
	文字表达	4	语言不规范、文字不简练，每处扣1分；表述错误，记0分				
项目作品（50分）	模型处理	10	模型处理不当，每处扣2分，扣完为止				
	加工方法	15	加工方法选择不合理，每次扣1分；加工方法创建错误，每处扣2分				
	参数设置	15	加工参数设置错误每处扣4分；不合理、不优化每处扣2分				
	仿真结果	10	仿真时有空刀扣5分；仿真时每碰撞一次扣2分；表面质量不好扣2～3分				
职业素养（20分）	出勤	5	迟到、早退一次扣0.5分，请假一次扣1分，旷课一节扣2分。缺勤达到本项目1/3学时则本项目按零分计				
	工作态度	3	课前任务完成一般扣1分；完成较差扣2分；完成很差或未完成该项不得分				
		3	课堂表现有序活跃、积极思考、踊跃回答和练习				
		2	实训过程细致、认真，积极帮助其他同学				
		2	服从老师及班干部、小组长安排，如有违反不得分				
	职业规范	2	实训场地干净、整洁；设备、人员安全有序；实训过程符合规范				
	团队协作 语言表达	3	积极主动协助其他成员完成任务，不代替他人完成任务；语言表达准确、术语规范、思路清晰、逻辑严谨、表达流畅				
随堂测试（10分）		10					
综合		100					

模块二 五轴加工编程

项目四

六面槽体的五轴加工编程

项目导入

六面槽体项目设置目的

六面槽体的五轴加工编程作为模块二五轴加工编程的第一个项目，其主要目的是通过一个相对简单案例的五轴定向加工编程让学习者能够理解多轴加工编程中五轴编程的基本方法，能让学习者快速区分五轴编程与四轴编程的区别，同时消除学习者对五轴编程的畏难情绪。为后续的学习树立信心、激发兴趣。

拟实现的教学目标

素质目标

1. 重点培养高度的安全意识。进入五轴加工编程后安全不管对于编程人员还是操作人员都非常重要，五轴加工的特点决定了在此过程中应重点考虑由于干涉带来的人员、设备、材料等安全隐患。

2. 具有创新意识和发散思维。编程方法、手段的创新是基于发散的思维和对知识的熟练掌握。

知识目标

1. 理解五轴定向（即 3+2）加工的原理及特点；

2. 理解过程毛坯（处理中的工件）的作用。

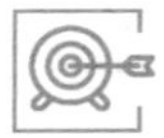

能力目标

1. 能进行五轴定向加工刀轴的设置；
2. 能掌握创建五轴定向加工编程的常用方法；
3. 能运用 IPW（小平面体）创建过程毛坯（处理中的工件）；
4. 能实施六面槽体零件的五轴铣削编程。

对接“1+X”多轴数控加工职业技能等级证书标准（中级）技能要求：

课程思政——劳动创新

1. 能使用机械加工工艺手册，执行五轴加工工艺规程，完成加工工艺分析；

2. 能根据加工零件及数控机床的特点，运用数控加工刀具的理论知识，合理选择刀具的切削用量；

3. 能根据零件特点及工作任务要求，使用 CAD/CAM 软件，完成五轴定向加工编程。

讨论：在加工制造领域，特别是航空发动机制造相关岗位中如何践行劳动精神？

下达任务

任务描述

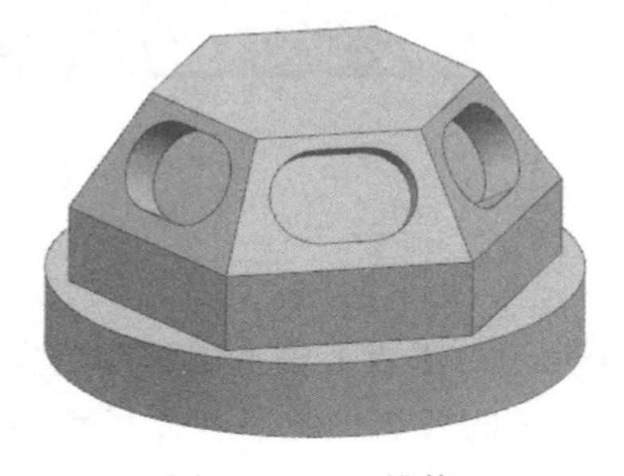

图 4-1　六面槽体

加工如图 4-1 所示零件，要求按单件生产设计其数控加工工艺方案，利用 CAM 软件（UG）编制该零件的数控程序。毛坯为 ϕ65mm×35mm 棒料，材料为铝合金。

知识准备

【知识点一】　五轴加工中心机床结构

五轴联动加工中心有高效率、高精度的特点，工件一次装夹就可完成复杂的加工。能够适应像汽车零部件、飞机结构件等现代模具的加工。擅长空间曲面加工、异型加工、镂空加工、打孔、斜孔、斜切等。

五轴加工中心大多是“3+2”的结构，即 X、Y、Z 三个直线运动轴加上分别围绕 X、Y、Z 轴旋转的 A、B、C 三个旋转轴中的两个旋转轴组成。这样，从大的方面分类，就有 X，Y，Z，A，B；X，Y，Z，A，C 和 X，Y，Z，B，C 三种形式。根据二个旋转轴的组合形式不同来划分，大体上有双转台式（包含斜转台）、转台加摆头式和双摆头式三种形式。这三种结构形式由于物理上的原因分别决定了五轴加工中心的规格大小和加工对象的范围。

① 双转台式（包含斜转台），分为 X，Y，Z，B，C 和 X，Y，Z，A，C 结构。如图 4-2～图 4-4 所示。

图 4-2 斜转台，X，Y，Z，B，C 结构

图 4-3 双转台，X，Y，Z，B，C 结构

图 4-4 双转台，X，Y，Z，A，C 结构

② 转台加摆头式，如图 4-5 所示。

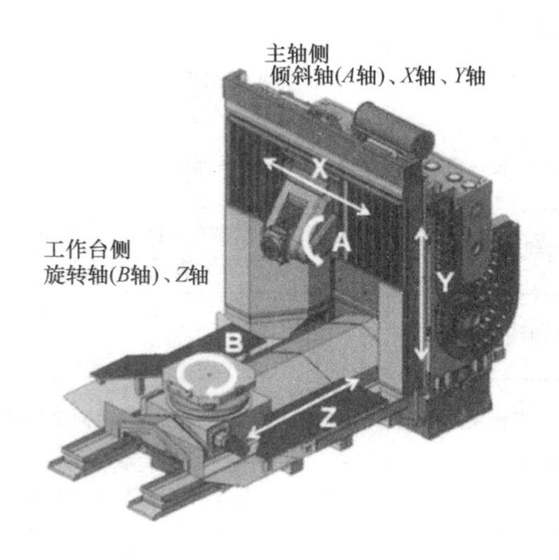

图 4-5 转台+摆头，X，Y，Z，A，C 结构

③ 双摆头式，分为 X，Y，Z，A，C 和 X，Y，Z，B，C 结构。如图 4-6、图 4-7 所示。

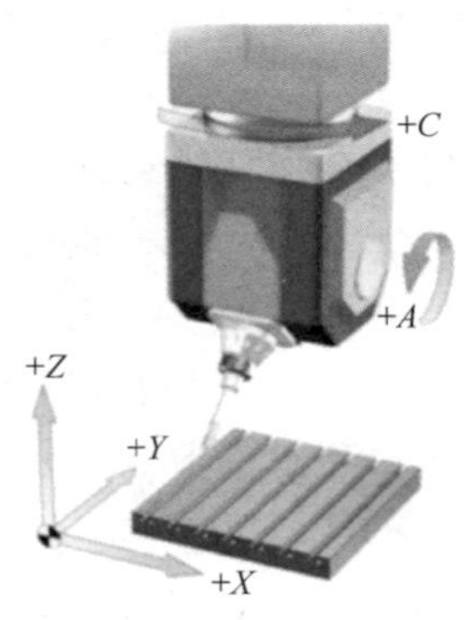

图 4-6　双摆头，X，Y，Z，A，C 结构

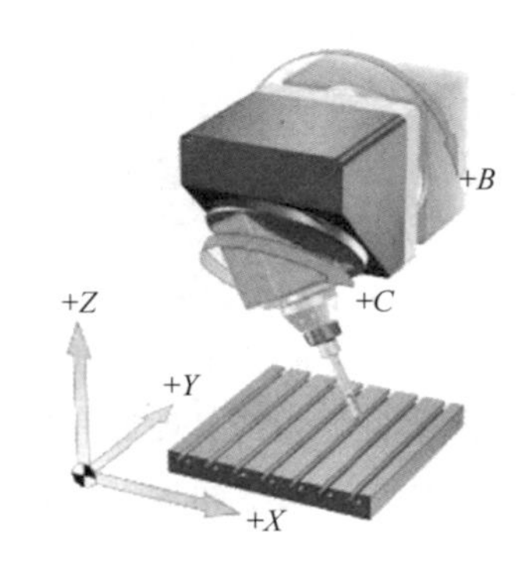

图 4-7　双摆头，X，Y，Z，B，C 结构

【知识点二】　五轴定向加工原理

五轴定向加工就是机床的 B、C 轴只行进分度（即固定角度），之后的加工过程中 B、C 轴固定不动，不进行五轴联动加工。

对于五轴定向加工编程而言，就是将其转变为三轴加工编程。一般适用于能用立铣刀端刃和侧刃直接加工的面。

【知识点三】　UG 五轴定向加工刀轴

通过五轴定向加工原理的理解，要将五轴定向编程转化为三轴编程，刀轴就必须垂直于被加工表面。方法使用的是型腔铣，则刀轴除了 +ZM 轴以外，常用的类型为“指定矢量”，指定矢量的具体类型及含义见表 4-1。

表 4-1　指定矢量类型及含义

类型按钮	名称	含　义
	两点	在任意两点之间指定一个矢量
	与 XC 成一角度	在 XC-YC 平面中，在从 XC 轴成指定角度处指定一个矢量
	曲线/轴矢量	指定与基准轴的轴平行的矢量，或者指定与曲线或边在曲线、边或圆弧起始处相切的矢量
	在曲线矢量上	在曲线上的任一点指定一个与曲线相切的矢量。可按照弧长或百分比弧长来指定位置
	面/平面法向	指定与基准面或平面的法向平行的矢量
XC	XC 轴	指定一个与现有 CSYS 的 XC 轴或 X 轴平行的矢量
YC	YC 轴	指定一个与现有 CSYS 的 YC 轴或 Y 轴平行的矢量
ZC	ZC 轴	指定一个与现有 CSYS 的 ZC 轴或 Z 轴平行的矢量
	视图方向	指定与当前工作视图垂直的矢量

如果五轴定向编程方法使用的是平面铣，则刀轴除了＋*ZM* 轴和指定矢量以外，还有“垂直于底面”和“垂直于第一个面”。

知识点交流： 定轴加工最常用的刀轴矢量类型是哪一种？

【知识点四】　过程毛坯 IPW（处理中的工件）

1. 过程毛坯 IPW（处理中的工件）的含义

处理中的工件（即过程毛坯），是指上一操作完成之后的零件作为后续加工的毛坯。如图 4-8 所示。

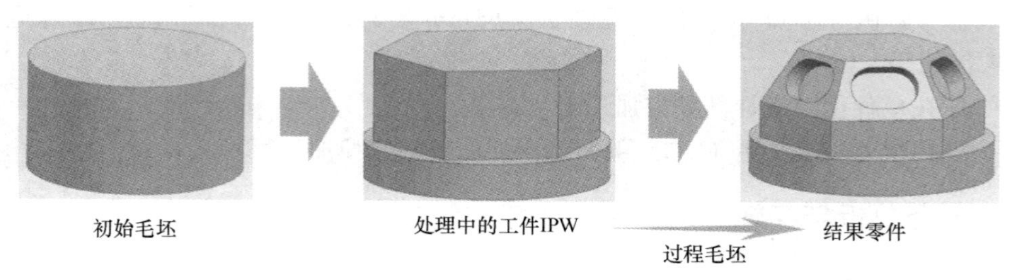

图 4-8　过程毛坯

2. 过程毛坯的作用

过程毛坯的使用会给编程带来便利。以型腔铣为例，使用过程毛坯之后，切削层的顶部不再会以初始毛坯为依据，由此自动避免了空刀的产生。另外，切削的范围等都会参照过程毛坯，特别对于复杂零件的编程是非常便利的。

3. 过程毛坯的创建

刀轨、确认、3D 动态，播放完成后点击创建 IPW。如图 4-9 所示。

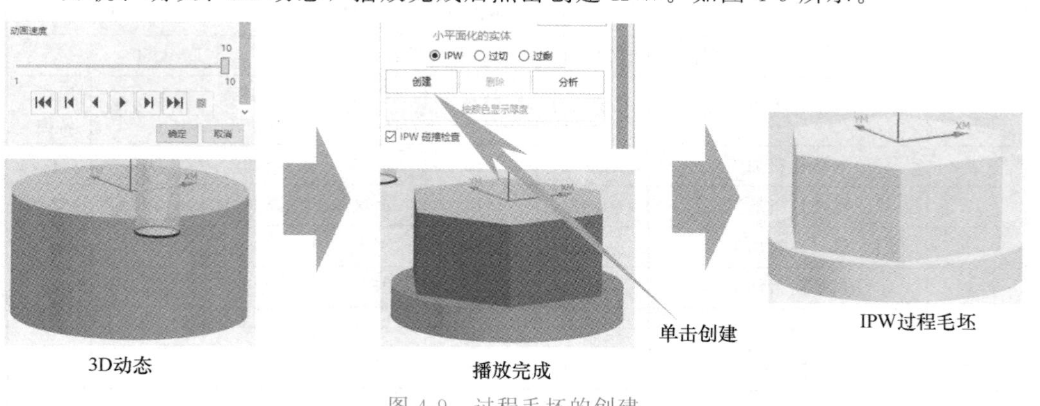

图 4-9　过程毛坯的创建

注：创建的 IPW 属性为小平面体

任务实施工作手册

教学模块	模块二　五轴加工编程
项目名称	项目四　六面槽体的五轴加工编程
工作环境	计算机、UG NX 软件

一、任务描述

加工如图 4-1 所示零件，毛坯为 ϕ65mm×35mm 棒料，材料为铝合金。要求：

① 按单件生产设计其数控加工工艺方案；

② 利用 CAM 软件（UG）编制该零件的五轴数控加工程序。

二、任务分析与实施

1. 工艺分析

零件分析与准备工作

通过对六面槽体的分析可知，六面槽体的槽无法使用三轴加工或四轴加工，只能用五轴加工方法，而且是五轴定向加工。完成该零件的加工只需平底刀即可。主要的加工内容为斜面和斜面上的型腔。

2. 加工工艺方案及刀具的确定（表 4-2）

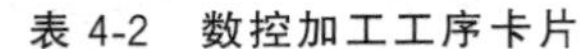

表 4-2　数控加工工序卡片

数控加工工序卡片			产品名称	零件名称	材料	零件图号		
			涡轮叶片	涡轮叶片	AL7075	CSHY-FDJ-04		
工序	数铣	夹具名称	SXZY-07	使用设备		DMU50		
工步号	工步内容		刀具类型	刀具直径/mm	主轴转速/(r/min)	进给速度/(mm/min)	刀具名称	操作名称
1	六棱柱粗加工		立铣刀	ϕ12	3000	400	D12	1
2	六棱柱精加工		立铣刀	ϕ12	4500	300	D12	2
3	斜平面粗加工		立铣刀	ϕ12	3000	400	D12	3
4	斜平面精加工		立铣刀	ϕ12	4500	300	D12	4
5	型腔粗加工		立铣刀	ϕ10	5500	400	D10	5
6	型腔精加工		立铣刀	ϕ10	5500	300	D10	6

3. 各工步实施过程及关键加工参数设置

（1）六面槽体零件分析与准备工作

① 零件分析

通过分析距离和直径，知道零件底座直径为 ϕ65，高度为 10mm。总高度为 35mm，六棱柱高度为 10mm，斜面体的竖直高度为 15mm，斜面槽的圆角半径为 6mm。

② 准备工作

毛坯创建：通过创建圆柱方式，创建 ϕ65mm×35mm 的圆柱毛坯。

坐标系创建：进入加工模块，将“工序导航器”切换至“几何视图”。设置加工坐标系位于零件的上表面中心，且 Z 轴垂直于上表面。

刀具创建：创建名称为 D12 和 D10 的立铣刀。

六棱柱粗、精加工

(2) 六棱柱粗、精加工

① 模型优化

进入“建模”环境中，在与部件零件不同的图层中建立高 25mm 的六棱柱体，如图 4-10 所示。

② 创建操作

单击“创建工序”，选择类型为“mill_contour”，工序子类型为“型腔铣”，刀具选择“D12”，几何体选择“WORKPIECE”，名称设置为“1”。

③ 粗加工参数设定

“切削模式”选择“跟随部件”，“步距”选择“%刀具平直”（即刀具直径的百分比），“平直直径百分比”输入“75”。“切削层”参数使用默认设置。

在切削参数“策略”页中，“切削方向”设为“顺铣”，“切削顺序”设为“深度优先”；在“余量”页中，使用底部面和侧壁面余量一致模式，并设置“部件侧面余量”为“0.2”，“内、外公差”改为“0.001”。切削参数的其他参数使用默认值。

在非切削移动参数“进刀”页中，开放区域“进刀类型”改为“圆弧”；“转移/快速”页中，“安全设置选项”为“平面”，选择零件顶面并设置“偏置距离”为“1mm”。

按照表 4-2 设置主轴速度和进给率。最后点击“生成”按钮，产生出六棱柱粗加工刀路轨迹。如图 4-11 所示。

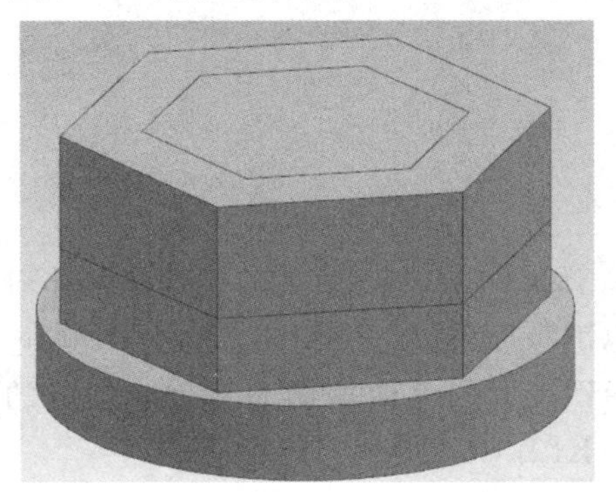
图 4-10　六棱柱

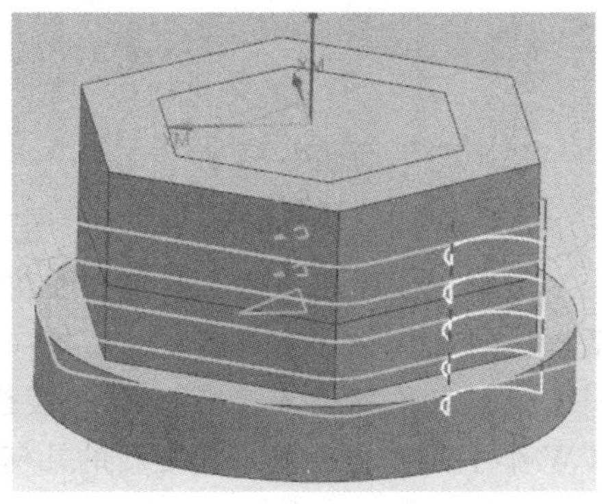
图 4-11　六棱柱粗加工刀路轨迹

④ 六棱柱精加工

复制操作 1，并粘贴，将粘贴的操作名称修改为“2”，双击操作 2，进入编辑状态。

将切削参数“余量”页中，“部件侧面余量”设为“0”；按照表 4-2 设置主轴速度和进给率；其他参数保持不变。最后点击“生成”按钮，产生出六棱柱精加工刀路轨迹。如图 4-12 所示。

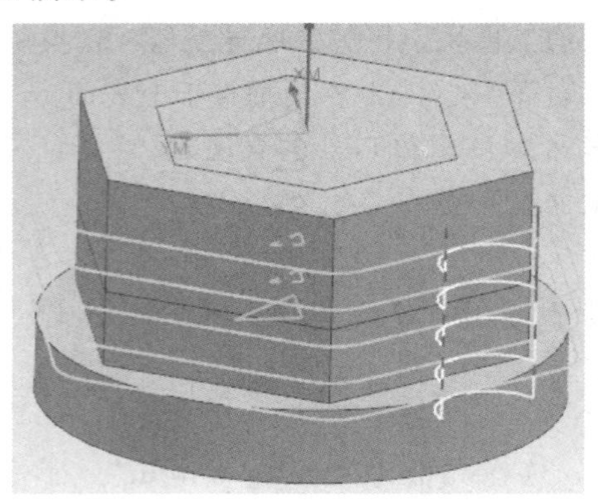

图 4-12　六棱柱精加工刀路轨迹

⑤ 模拟仿真加工并生成 IPW

在工序导航器—几何视图中，选中所有的操作，进行 3D 动态仿真加工。仿真加工结束之后，点击按钮“创建”，如图 4-13 所示。得到 IPW（小平面体），如图 4-14 所示。此处生成的 IPW 小平面体可以作为之后加工的毛坯。

斜平面粗、精加工

图 4-13　创建 IPW

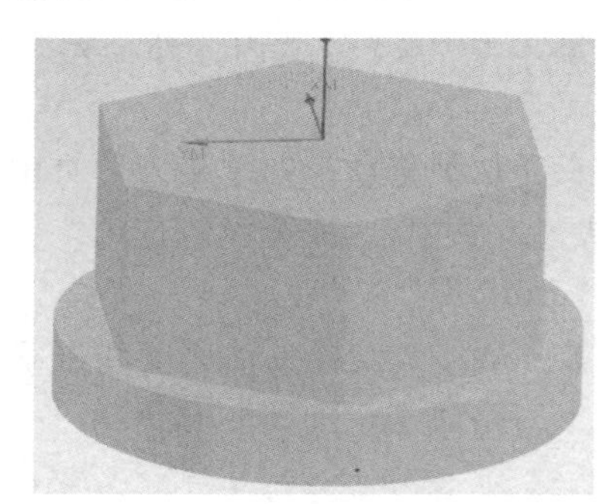

图 4-14　IPW 结果

（3）斜平面粗、精加工

① 创建 WORKPIECE_1

点击“创建几何体”按钮（即图标），弹出如图 4-15 所示的创建几何体对话框。“几何体子类型”选择“WORKPIECE”，位置“几何体”选择“MCS_MILL”，名称保持不变。隐藏六棱柱，选择图 4-1 的六面槽体为部件，生成的 IPW 小平面体为毛坯，此为新的几何体 WORKPIECE_1。

复制操作 1，并在 WORKPIECE_1 下选择“内部粘贴”，如图 4-16 所示。将粘贴的操作名称修改为“3”，双击操作 3，进入编辑状态。

② 指定切削区域

单击“指定切削区域”，弹出“切削区域”对话框。选择一个斜面为切削区域，如图 4-17 所示。点击“确定”，完成切削区域的设定。

图 4-15　新的几何体 WORKPIECE_1

图 4-16　内部粘贴

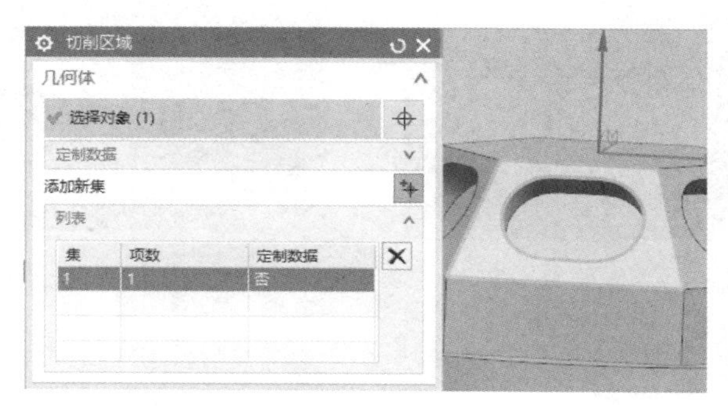

图 4-17　切削区域

③ 参数修改

“切削模式”选择“往复”，“步距”选择“%刀具平直”（即刀具直径的百分比），“平直直径百分比”保持默认值。“切削层”参数使用默认设置。

在切削参数“策略”页中，“切削角”设为“最长的边”；在“余量”页中，使用底部面和侧壁面余量一致模式，并设置“部件侧面余量”为“0.2”。切削参数的其他参数保持不变。

在非切削移动参数“进刀”页中，开放区域“进刀类型”改为“线性—沿矢量”，选择平行于斜平面最长边的矢量方向；“转移/快速”页中，“安全设置选项”为“自动平面”，区域之间和区域内“转移类型”设为“直接”。

进给率和速度参数按照表 4-2 设置。最后点击“生成”按钮，产生出斜平面粗加工刀路轨迹。如图 4-18 所示。

专题研讨： 如果因为被加工面的范围较小，造成材料切除不完整，应该如何调整？具体参数是什么？怎么设置参数值？

④ 斜平面精加工

参照六棱柱精加工方法，创建斜平面精加工程序。切削层参数中，将“每刀的深度”值设置为“0”或者大于“范围深度”即可（此处是为了精加工在深度方向只切一刀）。

将切削参数“余量”页中，“部件底面余量”设为“0”；进给率和速度参数按照表 4-2 设置；其他参数保持不变。点击“生成”按钮，产生出斜面精加工刀路轨迹。

同时选中操作 3、4 两个操作，单击鼠标右键，选择“对象/变换”。对 3、4 操作进行旋转阵列，六个斜面的粗、精加工刀路轨迹如图 4-19 所示。

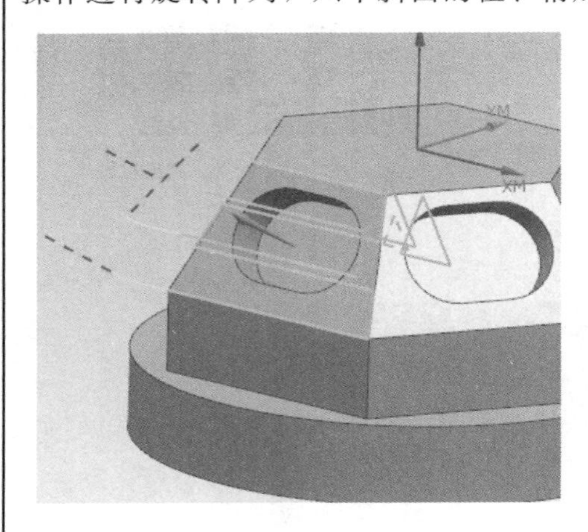

图 4-18 斜平面粗加工刀路

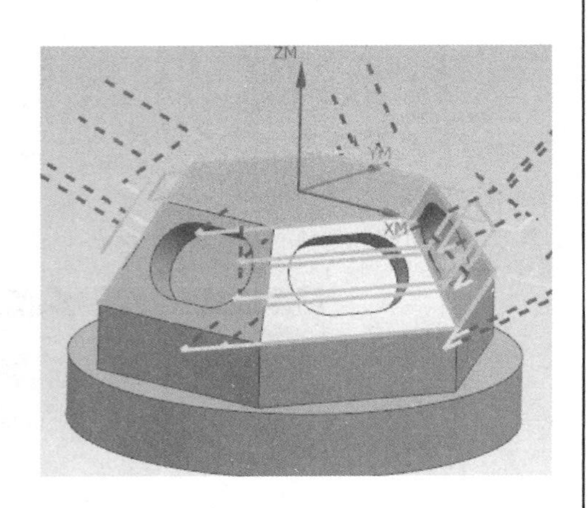

图 4-19 刀路轨迹变换结果

（4）型腔粗、精加工

型腔的粗、精加工和斜面的粗、精加工方法一样，此处不再重复。其刀路轨迹如图 4-20 所示。（如有疑问，请扫二维码观看微课视频）

最终模拟加工结果如图 4-21 所示。

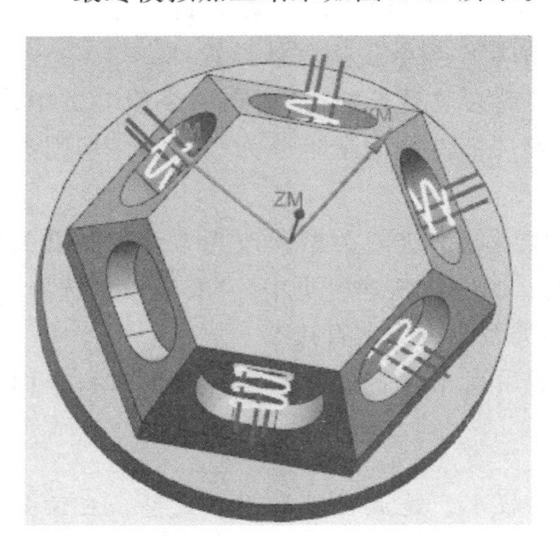

图 4-20 六型腔粗、精刀路轨迹

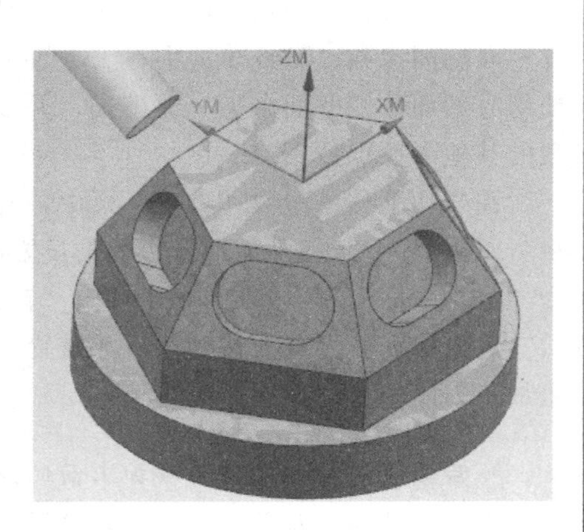

图 4-21 最终模拟加工结果

三、任务小结

1. 关键知识点

本任务针对六面槽体的加工，主要涉及 UG 五轴编程相关方法。

① 五轴定向（即 3+2）加工的原理及特点；

② 五轴定向加工编程的常用方法；

③ IPW（小平面体）创建过程毛坯。

2. 注意事项

① 六面槽体斜面和型腔的编程方法还可以是其他类型，比如平面铣等，不同的零件定向加工编程的方法会有区别；

② 本任务零件的斜面斜度较大且斜面竖直方向的高度较小，在加工斜面时不会与底部圆柱发生干涉。所以在进行五轴定向加工编程时应重点考虑干涉问题并及时采取措施，比如设置干涉检查几何体，或者是采用边界修剪刀路轨迹的办法等。

拓展练习工作手册

教学模块	模块二　五轴加工编程
拓展练习	练习 4　三面台阶轴的五轴加工编程
工作环境	计算机、UG NX 软件
练习级别	基础练习
团队成员	

一、基础任务描述

加工如图 4-22 所示零件，毛坯为 ϕ68mm×51mm 棒料，材料为铝合金（圆柱中心通孔已加工）。要求：

① 按单件生产设计其数控加工工艺方案；

② 利用 CAM 软件（UG）编制该零件的数控程序。

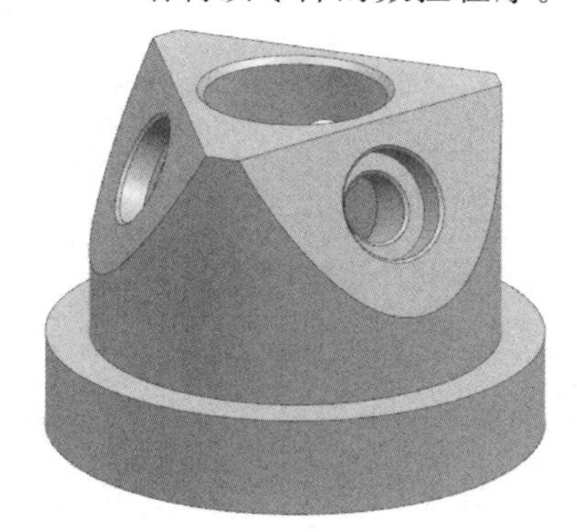

图 4-22　三面台阶轴

练习级别	进阶练习
团队成员	

二、进阶任务描述

加工如图 4-23 所示零件，毛坯为 ϕ70mm×85mm 棒料，材料为铝合金（两端圆柱已加工到位）。要求按单件生产设计其数控加工工艺方案，利用 CAM 软件（UG）编制该零件的数控程序。

① 要求按单件生产设计其数控加工工艺方案；

② 利用 CAM 软件（UG）编制该零件的数控程序。

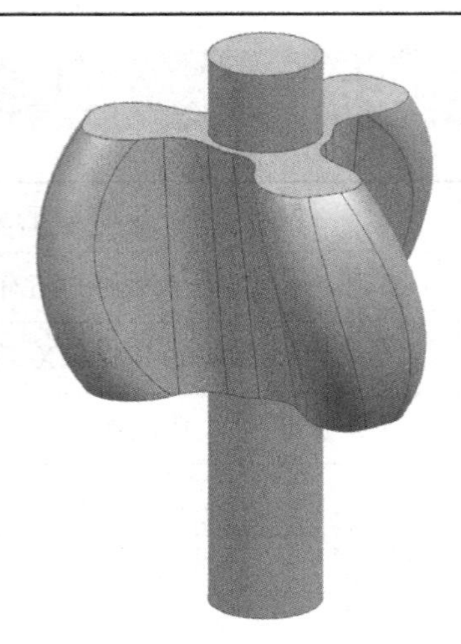

图 4-23 进阶练习

三、任务分析与实施

1. 工艺分析

（1）装夹方案的确定

（2）加工工艺方案确定（见表 4-3）

表 4-3 数控加工工序卡片

数控加工工序卡片			产品名称	零件名称		材料	零件图号	
工序		夹具名称		使用设备				
工步号	工步内容	刀具号	主轴转速/(r/min)	进给速度/(mm/r)	背吃刀量/mm	侧吃刀量/mm	驱动方法	刀轴

（3）刀具的确定（见表 4-4）

表 4-4　数控加工刀具卡

<table>
<tr><td colspan="2" rowspan="2">数控加工
刀具卡片</td><td>工序</td><td>产品名称</td><td>零件名称</td><td>夹具名称</td><td>材料</td><td>零件图号</td></tr>
<tr><td></td><td></td><td></td><td></td><td></td><td></td></tr>
<tr><td>序号</td><td>刀具号</td><td colspan="2">刀具名称及规格</td><td>刀尖半径/mm</td><td>加工表面</td><td colspan="2">备注</td></tr>
<tr><td></td><td></td><td colspan="2"></td><td></td><td></td><td colspan="2"></td></tr>
<tr><td></td><td></td><td colspan="2"></td><td></td><td></td><td colspan="2"></td></tr>
</table>

2. 各工步关键加工参数及刀路轨迹截图

（1）工步 1（截图）

（2）工步 2（截图）

（3）工步 3（截图）

（4）工步 4（截图）

3. 仿真加工结果截图

随堂测试

班级________ 姓名________

单选题得分	判断题得分	总分

一、单选题（每题1分，共5分）

1. 切削过程中，工件与刀具的相对运动按其所起的作用可分为（ ）。

A. 主运动和辅助运动 B. 主运动和进给运动

C. 辅助运动和进给运动 D. 以上都正确

2. 一个物体在空间如果不加任何约束限制，应有（ ）自由度。

A. 三个 B. 四个 C. 五个 D. 六个

3. 影响刀具寿命的因素有（ ）。

A. 工件材料、刀具材料、刀具几何参数、切削用量

B. 工件材料、刀具材料、刀具几何参数

C. 工件材料、刀具材料、切削速度

D. 工件材料、刀具材料、切削用量

4. 绿色设计与传统设计的不同之处在于考虑了（ ）。

A. 获取企业自身最大经济利益 B. 产品的功能

C. 产品的可回收性 D. 产品的质量和成本

5. 在切削速度加大到一定值后，随着切削速度继续加大，切削温度（ ）。

A. 继续升高 B. 停止升高

C. 平稳并趋于减小 D. 不变

二、判断题（每题1分，共5分）

（ ）1. UG多轴编程时，型腔铣加工方法多用于定轴加工。

（ ）2. IPW过程毛坯对编程没有任何优点。

（ ）3. 加工中心特别适宜加工轮廓形状复杂、加工时间长的模具。

（ ）4. 金属切削加工时，提高背吃刀量可以有效降低切削温度。

（ ）5. 切削用量中切削速度对刀具磨损的影响最大。

考核评价

班级________　　　姓名________

评价内容	考核点	配分	扣分点及扣分标准	自评 30%	互评 30%	师评 40%	得分
工艺规程（20分）	工步安排	6	工艺方案不合理、不优化，每处扣2分；不符合机械加工基本原则不得分				
	刀具选择	4	一处不当扣1分，扣完为止				
	切削用量	6	一处不当扣1分，扣完为止				
	文字表达	4	语言不规范、文字不简练，每处扣1分；表述错误，记0分				
项目作品（50分）	模型处理	10	模型处理不当，每处扣2分，扣完为止				
	加工方法	15	加工方法选择不合理，每次扣1分；加工方法创建错误，每处扣2分				
	参数设置	15	加工参数设置错误每处扣4分；不合理、不优化每处扣2分				
	仿真结果	10	仿真时有空刀扣5分；仿真时每碰撞一次扣2分；表面质量不好扣2～3分				
职业素养（20分）	出勤	5	迟到、早退一次扣0.5分，请假一次扣1分，旷课一节扣2分。缺勤达到本项目1/3学时则本项目按零分计				
	工作态度	3	课前任务完成一般扣1分；完成较差扣2分；完成很差或未完成该项不得分				
		3	课堂表现有序活跃、积极思考、踊跃回答和练习				
		2	实训过程细致、认真，积极帮助其他同学				
		2	服从老师及班干部、小组长安排，如有违反不得分				
	职业规范	2	实训场地干净、整洁；设备、人员安全有序；实训过程符合规范				
	团队协作 语言表达	3	积极主动协助其他成员完成任务，不代替他人完成任务；语言表达准确、术语规范、思路清晰、逻辑严谨、表达流畅				
随堂测试（10分）		10					
综合		100					

项目五 闭式涡轮的五轴加工编程

项目导入

闭式涡轮结构特点

所谓闭式涡轮是指航空发动机中的压气机静子。它是压气机中不转动的部分，由机匣和静子叶片所组成，除了承受静子叶片所受的轴向力、扭矩和振动负荷外，还要传递转子支承所受的各种负荷。此外，静子还是气流通道的一部分，并要承受气体的压力、温度变化所引起的应力。由于教学的需要本项目案例在真实的压气机静子的基础上做了部分教学化改造。

拟实现的教学目标

素质目标

1. 具有严谨、细致、精益求精的工匠精神；
2. 树立劳动光荣、劳动崇高、劳动伟大、劳动美丽的观念。

知识目标

1. 理解并掌握五轴补矢量刀轴的含义和设置；
2. 熟悉分区域编程的前提的划分原则。

能力目标

1. 能运用型腔铣视图方向定轴完成粗加工编程；
2. 能正确使用插补矢量刀轴完成精加工编程；
3. 能根据零件特点分区域编程；
4. 能实施闭式涡轮零件的五轴铣削编程。

对接“1+X”多轴数控加工职业技能等级证书标准（高级）技能要求：

1. 能根据机械加工工艺原则，使用机械加工工艺手册，结合零件及机床特点，完成零件的五轴数控加工工艺的编制；

2. 能根据加工零件及数控机床的特点，运用数控加工刀具的理论知识，合理选择刀具的切削用量；

3. 能根据零件特点及工作任务要求，使用CAD/CAM软件，完成五轴联动加工编程。

讨论：作为立志成为加工制造的高技能人才应该学习洪家光的哪些精神？

课程思政——劳模精神

下达任务

任务描述

加工如图5-1所示零件，要求按单件生产设计其数控加工工艺方案，利用CAM软件（UG）编制该零件闭式涡轮槽的数控程序。其他部位均已加工到位，材料为铝合金。

图5-1 闭式涡轮

知识准备

【知识点一】 插补矢量刀轴

插补矢量的基本原理就是将驱动体单个面片的角点处根据需要人为设定一个刀轴矢量，两个相邻角点处的刀轴矢量光顺过渡。如图5-2所示。

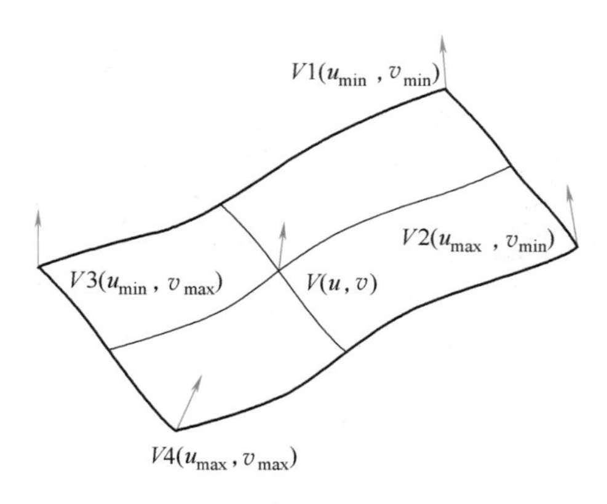

图 5-2 插补矢量刀轴

图 5-2 中四边曲面的每个角上（V1、V2、V3、V4）正好有一个系统初始定义矢量。而这四个角点的刀轴矢量可以根据编程者的需要人为修改。如图 5-3 所示。

插补矢量刀轴应用

相对于矢量刀轴应用

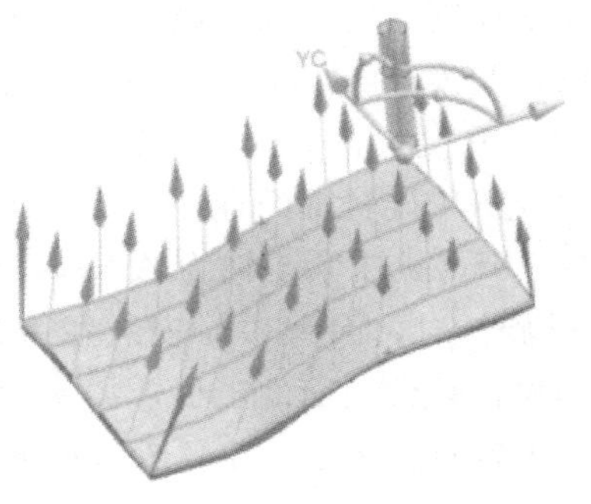

图 5-3 刀轴矢量的修改

知识点交流：插补矢量刀轴的适用场合是什么？

图 5-4 插补角度至部件（驱动）刀轴对话框

【知识点二】 插补角度至部件或驱动

插补角度至部件、插补角度至驱动刀轴的用法和插补矢量完全一样，只是刀轴不是通过矢量来指定而是通过前倾角和侧倾角来指定的。如图 5-4 所示。

【知识点三】 相对于矢量刀轴

“相对于矢量刀轴”是指相对于带有指定的“前倾角”和“侧倾角”的矢量的“可变刀轴”。此刀轴类型的使用与“相对于部件”类似，不同之处是它使用的是“矢量”而不是“部件法向”。如图 5-5 所示。

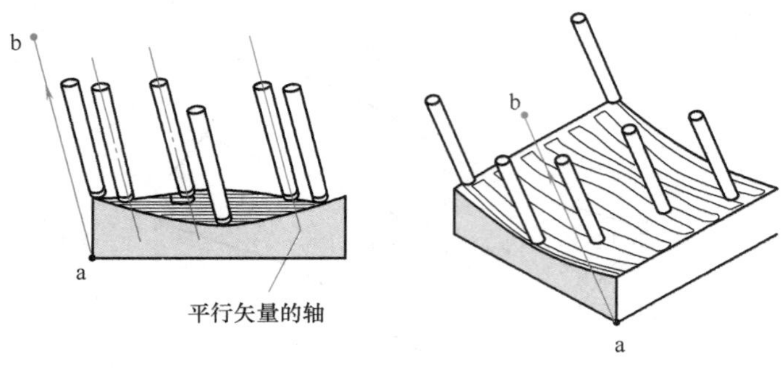

图 5-5 相对于矢量刀轴

【知识点四】 五轴机床 RTCP（刀尖跟随）功能

五轴数据机床的 RTCP 功能的全称是“Rotation Tool Center Point”，字面意思即“旋转刀具中心点”功能，即为通常所说的“刀尖跟随”。开启 RTCP 功能后，控制器会由原本控制刀座端面改成控制刀尖点，此时下达的指令皆会以刀尖点所在坐标来作控制，此为五轴加工中心特有之功能。如图 5-6 所示。（注意：三轴数控机床是用不到 RTCP 功能的，因为三轴机床不存在刀轴矢量的旋转问题。而在五轴数控加工过程中，由于旋转轴的存在，RTCP 功能就变得尤为重要）

如图 5-7 所示，机床第 4 轴为 *A* 轴，第 5 轴为 *C* 轴。工件摆放在 *C* 轴转台上。当第 4 轴 *A* 轴旋转时，因为 *C* 轴安装在 *A* 轴上，所以 *C* 轴姿态也会受到影响。同理，对于我们放在转台上面的工件，如果我们对刀具中心切削编程的话，转动坐标的变化势必会导致直线轴 *X*、*Y*、*Z* 坐标的变化，产生一个相对的位移。而为了消除这一段位移，势必机床要对其进行补偿，RTCP 就是为了消除这个补偿而产生的功能。

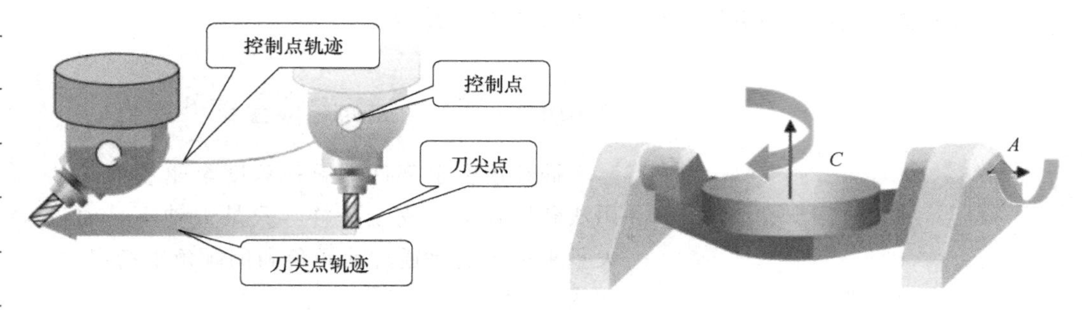

图 5-6 刀尖跟随　　图 5-7 五轴机床各轴关系

拥有 RTCP 技术的机床，操作人员不必把工件精确的和转台轴心线对齐，可以任意位置装夹，机床自动补偿偏移，大大减少辅助时间，同时提高加工精度。同时后处理制作简单，只要输出刀尖点坐标和矢量就行了。像我们之前说的那样，在机械结构上，五轴数控机床主要有双摆头、双转台、一摆一转等结构。

不带 RTCP 功能关的情况下，控制系统不考虑刀具长度。刀具围绕轴的中心旋转。刀尖将移出其所在位置，并不再固定。如图 5-8 所示。

带 RTCP 功能开的情况下，控制系统只改变刀具方向，刀尖位置仍保持不变。X，Y，Z 轴上必要的补偿运动已被自动计算进去。如图 5-9 所示。

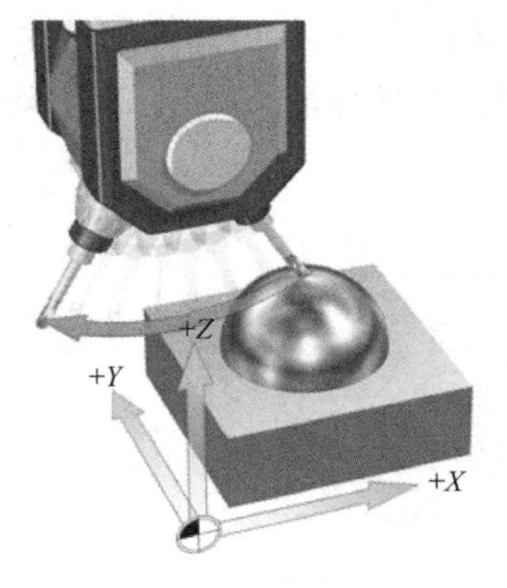

图 5-8　不带 RTCP 功能

图 5-9　带 RTCP 功能

【知识点五】　五轴机床的对刀

根据【知识点四】中 RTCP 功能的优点所述，有了 RTCP 功能，工件可以任意位置装夹。正因为这样，五轴机床的对刀和三轴铣床的对刀完全一样。但是同时要注意，由于有旋转轴的存在，同时要保证刀尖跟随，这时有一个非常重要的参数必须让数控系统知道，这个重要的参数就是刀具长度即刀长。在不考虑其他误差的情况下，刀长决定了加工的精度。如图 5-10 所示。

由于 XYZ 方向的对刀与三轴铣床一样，此处不再叙述。这里重点说明刀长的测量方法。此处以 DMU50 五轴加工中心 SINUMERIK 840D SL 系统为例。

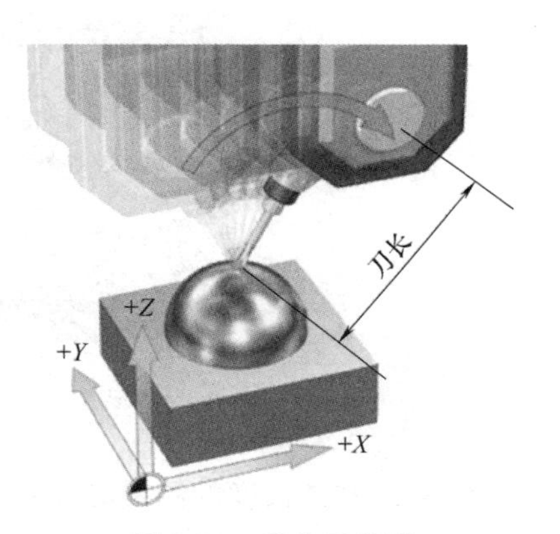

图 5-10　刀长示意图

步骤①：将刀具从刀库中自动安装到主轴上。按操作面板的[M]键，按[T,S,M]键，按“选择刀具”键，弹出对话框，选择 D16 刀具，按“确定”键，则 D16 刀具信息被自动加入，按绿色执行键[◇]，旋转空运行的倍率旋钮[%]，使其倍率不能为零，但也不能很大，则 D16 立铣刀自动装载到主轴上。

步骤②：在开门模式下刀具压向对刀器。按开门键[键]，打开防护门，按控制面板侧边“II”模式按键（开门有效），先按一下手动按键[键]，使其在手动操作下有效，然后按住操作面板的左侧按钮[键]，手动移动 X、Y、Z，使刀具到达对刀器上部（注意控制倍率[%]），向下靠近对刀器时用手轮控制，并将手轮打到 Z 位置，左手拇指轻按住手轮左侧黑色键，中指按住快速倍率键[键]，刀具向下移动，压向对刀器，使百分表过一次 0 位，第二次靠近 0 位约 10～20 格（约 0.1～0.2mm），中指松开快速倍率键，使其在最小倍率下继续向下移动，直到百分表的指针对齐 0 位为止。

步骤③：再次按一下键，按“测量刀具”键，弹出对话框，按“手动长度”键，移动光标到 Z0 位置，输入数字 50（对刀器的标准高度），然后按黄色键，如图 5-11 所示。

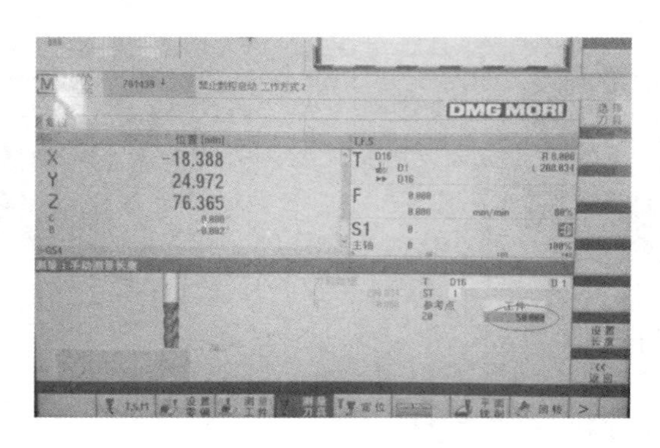

图 5-11　Z0 位置输入 50

步骤④：按“设置长度”键，此时自动显示本次测量结果的刀具长度，即：200.034，完成刀具长度的测量，如图 5-12 所示。

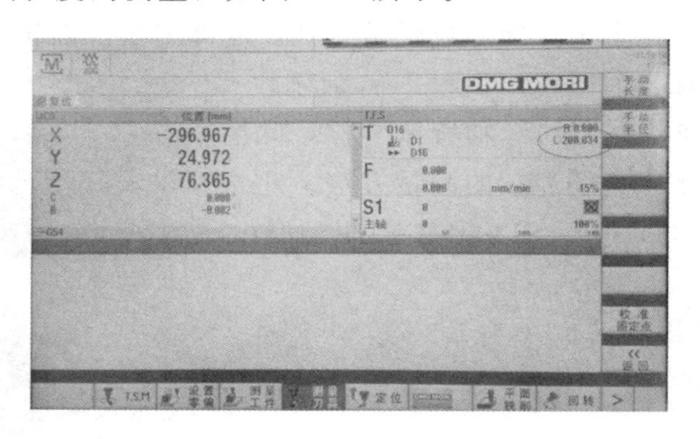

图 5-12　刀具长度测量结果 200.034

注意：刀具长度的测量必须在 Z 方向对刀之前测出。

【知识点六】　五轴加工刀具磨损后加工精度的控制

过去还没有 RTCP 功能时，若要使用五轴加工中心来加工，需使用 CAM 软件，配合当前刀长来转出加工程序，但一个加工程序只能对应一个刀长，此时若有刀长磨耗等误差需进行补偿，必须重新产出新的加工程序，非常没有效率。

五轴加工中心有了 RTCP 功能后，CAM 软件只需计算出工件外形轮廓坐标，控制器会自动将刀长以及磨耗值考虑进去，这时候不管刀长如何变化，刀尖点永远在工件轮廓上加工。

对于刀具在直径方向磨损的误差补偿可以参考项目 1，而对于五轴加工在刀具长度方向磨损的误差补偿，可以通过本项目【知识点五】重新测量刀长，或者测出刀长的磨损值输入补偿地址号实现。

【知识点七】　高温合金的切削特性及切削用量

高温合金具有优良的高温强度和硬度，但也正因为如此，使得其非常的难加工，是典型的难加工材料，主要表现在以下几个方面：

（1）切削力大

高温合金具有高的强度和硬度，原子密度和结合力大，抗断裂韧性和持久塑性高，在切削过程中切削力大。在较高温度时，仍保持高强度。加工时所需切削力是普通合金钢材料的 2～5 倍。

（2）切削温度高

高温合金在切削过程中消耗的切削变形功率大，产生的热量多，同时由于高温合金导热系数小，导热系数为 45 号钢的 1/4，因此切削温度很高（可达 1000℃ 左右），使刀具磨损加剧。

（3）加工硬化倾向大

由于高温合金塑性、韧性高，在切削力和切削热的作用下产生巨大的塑性变形，造成加工硬化；在切削热的作用下，材料吸收周围介质中的 H、O_2、N 等元素的原子形成脆硬的表层，给切削带来很大困难。

加工高温合金材料铣削及钻削切削参数见表 5-1～表 5-4。

表 5-1　机夹铣刀铣削高温合金切削参数表

被加工材料	热处理方式	布氏硬度/HB	刀具材料			
			钨钴硬质合金 TiAlN 涂层	钨钴硬质合金	超细微粒钨钴硬质合金	钨钴硬质合金 TiCN 涂层
			铣削宽度 a_e(mm)≤0.25×铣刀有效直径 D_c			
			切削深度 a_p/mm			
			0.25～2-0.5～2-3～10			
			每齿进给量 f_z/(mm/z)			
			0.05～0.15～0.2	0.1～0.15～0.2	0.1～0.15～0.2	0.05～0.15～0.25
			切削速度 v_c/(m/min)			
铁基高温合金	退火或固溶	200	55～45～40	50～45～40	45～40～35	50～40～35
	时效或固溶+时效处理	280	40～20～30	35～30～20	35～30～25	35～30～25
镍基高温合金	退火或固溶	250	55～45～40	50～45～40	40～35～30	50～40～35
	时效或固溶+时效处理	350	35～30～25	30～25～20	30～25～20	30～25～20
	铸造或铸造+时效处理	320	40～35～30	35～30～25	35～30～25	35～30～25
钴基高温合金	退火或固溶	200	25～20～15	25～20～15	25～20～15	25～20～15
	固溶+时效处理	300	20～15～10	20～15～10	20～15～10	20～15～10
	铸造或铸造+时效处理	320	15～10～10	20～15～10	15～10～10	15～10～10

表 5-2　整体硬质合金铣刀侧面铣削高温合金切削参数表

刀具材料：钨钴硬质合金、钨钴硬质合金 TiAIN 涂层

被加工材料	热处理方式	布氏硬度/HB	切削深度 a_p(mm)和切削宽度 a_e(mm)范围 $a_p \leqslant 0.1 \times D_c$，$a_e < 0.3 \times D_c$：切削速度 v_c/(m/min)	切削深度 a_p(mm)和切削宽度 a_e(mm)范围 $a_p \leqslant D_c$，$a_e < 0.1 \times D_c$：切削速度 v_c/(m/min)
铁基高温合金	退火或固溶	200	48～75	48～60
	时效或固溶＋时效处理	280	33～57	33～40
镍基高温合金	退火或固溶	250	45～70	45～55
	时效或固溶＋时效处理	350	30～52	30～37
	铸造或铸造＋时效处理	320	33～57	33～57
钴基高温合金	退火或固溶	200	21～36	21～26
	固溶＋时效处理	300	18～32	18～20
	铸造或铸造＋时效处理	320	13～22	13～16

铣刀直径 D_c/mm	每齿进给量 f_z/(mm/z)（$a_p \leqslant 0.1 \times D_c$，$a_e < 0.3 \times D_c$）	铣刀直径 D_c/mm	每齿进给量 f_z/(mm/z)（$a_p \leqslant D_c$，$a_e < 0.1 \times D_c$）
3	0.03～0.04	3	0.01～0.02
4	0.04～0.07	4	0.02～0.04
5	0.05～0.09	5	0.03～0.06
6	0.05～0.10	6	0.03～0.07
8	0.06～0.11	8	0.05～0.09
10	0.07～0.12	10	0.07～0.12
12	0.08～0.13	12	0.08～0.13
16	0.09～0.16	16	0.09～0.15
20	0.13～0.25	20	0.10～0.16

表 5-3　整体硬质合金铣削曲面及凹槽——钛合金切削参数表

曲面切削深度 a_p(mm)和切削宽度 a_e(mm)范围：$a_p \leqslant 0.05 \times D_c$，$a_e \leqslant 0.5 \times a_p$

凹槽切削深度 a_p(mm)和切削宽度 a_e(mm)（刀具材料：钨钴硬质合金、钨钴硬质合金 TiAIN 涂层）：$a_p \times a_e \leqslant 0.5 \times D_c$

被加工材料	热处理方式	布氏硬度/HB	切削速度 v_c/(m/min)（刀具材料：钨钴硬质合金 TiAIN 涂层 GC1010）	切削速度 v_c/(m/min)（刀具材料：钨钴硬质合金 H10F）	凹槽切削速度 v_c/(m/min)
铁基高温合金	退火或固溶	200	43～75	21～32	21～32
	时效或固溶＋地效处理	280	30～57	16～25	15～25
镍基高温合金	退火或固溶	250	40～70	20～30	20～30
	时效或固溶＋时效处理	350	32～56	16～24	16～24
	铸造或铸造＋时效处理	320	35～60	18～26	18～36
钴基高温合金	退火或固溶	200	18～36	12～18	12～18
	固溶＋时效处理	300	19～34	10～15	10～15
	铸造或铸造＋时效处理	320	14～24	8～12	8～12

铣刀直径 D_c/mm（曲面）	每齿进给量 f_z/(mm/z)（曲面）	铣刀直径 D_c/mm（凹槽）	每齿进给量 f_z/(mm/z)（凹槽）
3	0.03～0.04	3	0.01～0.02
4	0.04～0.07	4	0.01～0.03
5	0.05～0.09	5	0.02～0.03
6	0.05～0.10	6	0.02～0.04
8	0.06～0.11	8	0.03～0.04
10	0.07～0.12	10	0.04～0.05
12	0.08～0.13	12	0.04～0.06
16	0.09～0.16	16	0.05～0.08
20	0.09～0.16	20	0.06～0.08

表 5-4　钻削高温合金切削参数表

被加工材料	热处理方式	布氏硬度/HB	刀具材料	切削速度 v_c/(m/min)	钻头直径 D_c/mm			
					3～6	6.01～10	10.01～14	14.01～20
					进给量 f_n/(mm/r)			
铁基高温合金	退火或固溶	200	超细微粒钨钴硬质合金 钨钴硬质合金TiCN涂层	11～28	0.07～0.11	0.09～0.13	0.09～0.13	0.11～0.15
	时效或固溶+时效处理	280		10～25	0.06～0.1	0.08～0.12	0.08～0.12	0.1～0.14
镍基高温合金	退火或固溶	250		10～25	0.06～0.1	0.08～0.12	0.08～0.12	0.1～0.14
	时效或固溶+时效处理	350		8～20	0.05～0.08	0.06～0.1	0.06～0.1	0.08～0.11
	铸造或铸造+时效处理	320		8～20	0.05～0.08	0.06～0.1	0.06～0.1	0.08～0.11
钴基高温合金	退火或固溶	200		10～25	0.06～0.1	0.08～0.12	0.08～0.12	0.1～0.14
	固溶+时效	300		8～20	0.05～0.08	0.06～0.1	0.06～0.1	0.08～0.11
	铸造或铸造+时效处理	320		8～20	0.05～0.08	0.06～0.1	0.06～0.1	0.08～0.11

任务实施工作手册

教学模块	模块二　五轴加工编程
项目名称	项目五　闭式涡轮的五轴加工编程
工作环境	计算机、UG NX 软件

一、任务描述

加工如图 5-1 所示零件，其他部位均已加工到位，材料为铝合金（AL 7075）。要求：

① 按单件生产设计其数控加工工艺方案；

② 利用 CAM 软件（UG）编制该零件闭式涡轮槽的五轴数控加工程序。

二、任务分析与实施

1. 工艺分析

通过对零件的分析可知，闭式涡轮槽的空间曲率变化太大，如果对涡轮槽进行整体精加工势必导致刀轴变化太大（主要指偏摆角度太大），有可能机床的行程不够。基于以上情况，必须对涡轮槽进行分区域加工，分区域加工划分的基本原则以圆角作为接线，两个相邻的侧面又以圆角面作为重合加工区域。

2. 加工工艺方案及刀具的确定（见表 5-5）

表 5-5　数控加工工序卡片

<table>
<tr><td colspan="3" rowspan="2">数控加工工序卡片</td><td>产品名称</td><td colspan="2">零件名称</td><td colspan="2">材料</td><td colspan="2">零件图号</td></tr>
<tr><td>闭式涡轮</td><td colspan="2">闭式涡轮</td><td colspan="2">AL7075</td><td colspan="2">CSHY-FDJ-05</td></tr>
<tr><td>工序</td><td>数铣</td><td>夹具名称</td><td>SXZY-05</td><td colspan="2">使用设备</td><td colspan="4">DMU50</td></tr>
<tr><td>工步号</td><td colspan="2">工步内容</td><td>刀具类型</td><td>刀具直径/mm</td><td>主轴转速/(r/min)</td><td>进给速度/(mm/min)</td><td>刀具名称</td><td colspan="2">操作名称</td></tr>
<tr><td>1</td><td colspan="2">涡轮槽一次开粗</td><td>立铣刀</td><td>$\phi 8$</td><td>3000</td><td>1300</td><td>D8</td><td colspan="2">1</td></tr>
<tr><td>2</td><td colspan="2">涡轮槽二次开粗</td><td>立铣刀</td><td>$\phi 8$</td><td>3000</td><td>1300</td><td>D8</td><td colspan="2">2</td></tr>
<tr><td>3</td><td colspan="2">涡轮槽区域 1 精加工</td><td>球头铣刀</td><td>$R4$</td><td>8000</td><td>1600</td><td>R4</td><td colspan="2">3</td></tr>
<tr><td>4</td><td colspan="2">涡轮槽区域 2 精加工</td><td>球头铣刀</td><td>$R4$</td><td>8000</td><td>1600</td><td>R4</td><td colspan="2">4</td></tr>
<tr><td>5</td><td colspan="2">涡轮槽区域 3 精加工</td><td>球头铣刀</td><td>$R4$</td><td>8000</td><td>1600</td><td>R4</td><td colspan="2">5</td></tr>
<tr><td>6</td><td colspan="2">涡轮槽区域 4 精加工</td><td>球头铣刀</td><td>$R4$</td><td>8000</td><td>1600</td><td>R4</td><td colspan="2">6</td></tr>
</table>

3. 各工步实施过程及关键加工参数设置

（1）闭式涡轮零件分析与准备工作

零件分析与准备工作

离心叶轮毛坯创建

涡轮槽一次开粗

涡轮槽二次开粗

① 零件分析

通过分析距离和局部半径，零件涡轮槽最大深度为 36mm，涡轮槽侧面间圆角半径为 4mm。

② 准备工作

毛坯创建：将模型复制到另一图层，并运用同步建模删除面功能将复制的模型涡轮槽删除，使涡轮槽处于被材料填充的状态。

坐标系创建：进入加工模块，将“工序导航器”切换至“几何视图”。设置加工坐标系位于零件顶上（截取顶面圆弧的中心面轮廓线，坐标原点捕捉轮廓线的象限点），且 Z 轴平行于零件轴线。

刀具创建：创建名称为 D8 和 R4 的立铣刀。

（2）涡轮槽一次开粗

涡轮槽一次粗加工采用的是型腔铣加工方法，刀轴采用的是指定矢量中的视图方向，将涡轮槽摆放至一个合适的位置，使大部分的涡轮槽都能看见，而刀轴则是垂直于视图平面的。其状态如图 5-13 所示。其刀路轨迹如图 5-14 所示。（如有疑问，请扫二维码观看微课视频）

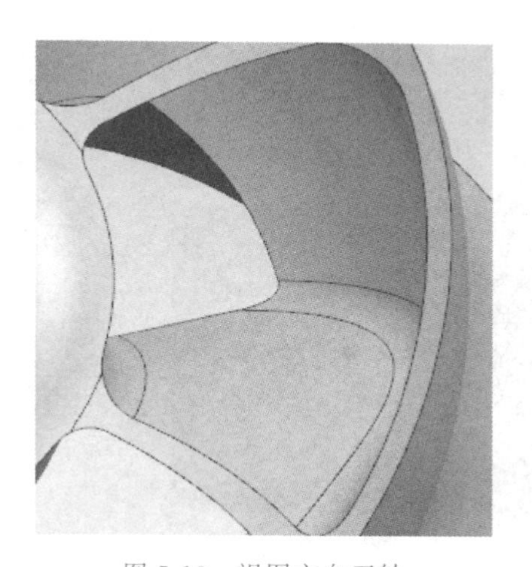
图 5-13　视图方向刀轴

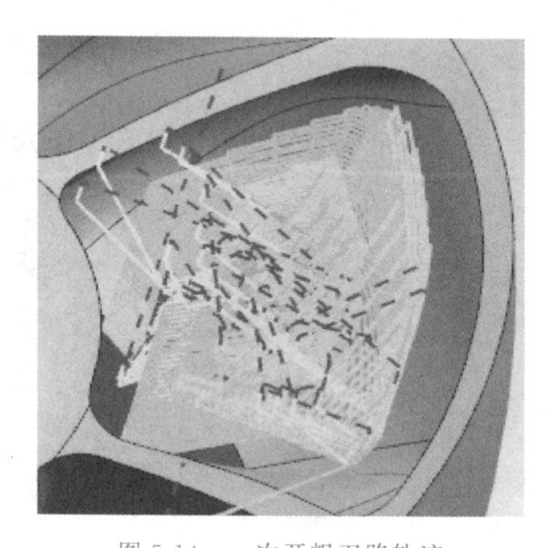
图 5-14　一次开粗刀路轨迹

注意：一次开粗时视图位置尽量以一到两（越多越好）个为主的面完全展示，这样可以避免为了均匀粗加工余量使用过多的后续开粗。

（3）涡轮槽二次开粗

二次开粗的目的是针对一次开粗时去不掉的材料进行进一步去除。编程方法与一次开粗一样。但要注意的是：一方面考虑视图方向的摆放要把一次开粗没去掉的位置展示出来，另一方面要把切削模式改为轮廓。

根据需要还可以再加一次粗加工，方法跟前面一样。大家可以根据具体情况增加。

（4）涡轮槽区域 1 精加工

① 创建操作

区域1精加工

单击“创建工序”，选择类型为“mill_multi_axis”，工序子类型为第二个“可变流线铣”，刀具选择“R3”，几何体选择“MULTI_BLADE_GEOM”，名称设置为“1”。

② 流曲线和交叉曲线的选择

进入流线驱动方法，首先就是要确定流曲线和交叉曲线。对于本案例，流曲线1和流曲线2分别如图5-15所示（注意方向必须一致）。

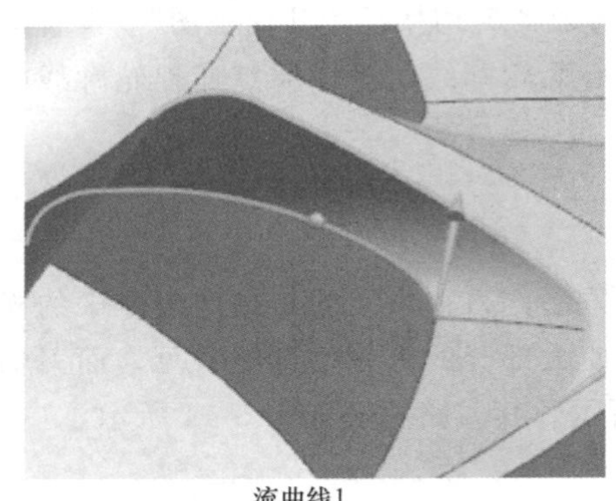
流曲线1

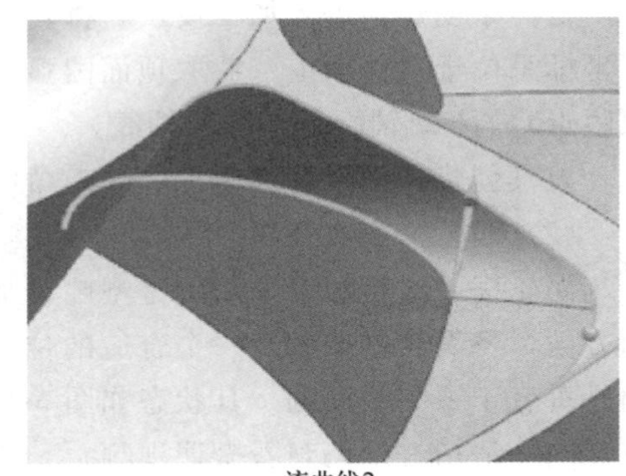
流曲线2

图5-15 流曲线1和流曲线2

接下来拾取交叉曲线。如图5-16所示。

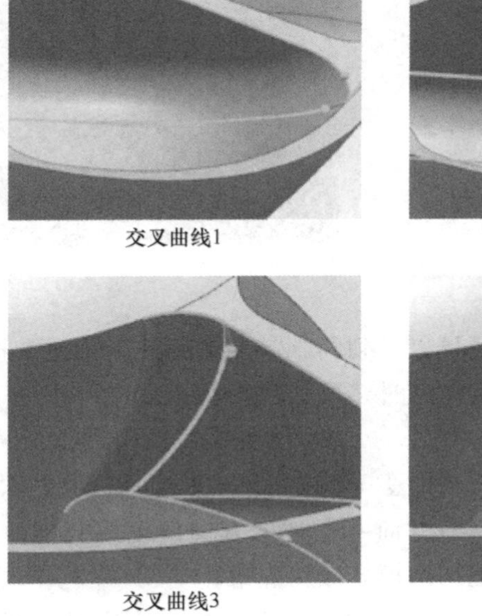
交叉曲线1

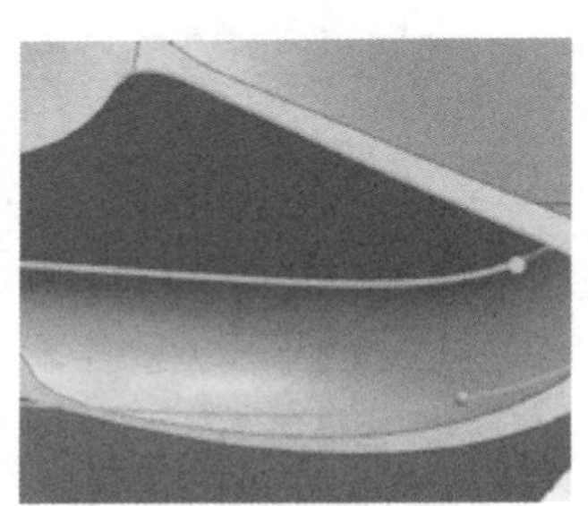
交叉曲线2

交叉曲线3

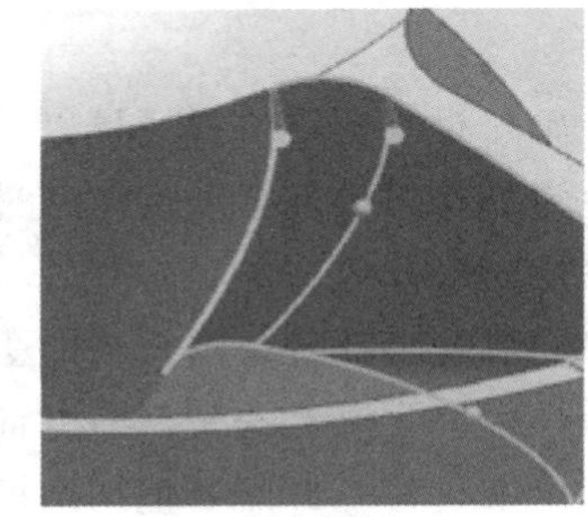
交叉曲线4

图5-16 交叉曲线

③ 流线驱动方法其他参数

“切削方向”按照流曲线和交叉曲线方向，“材料侧”指向涡轮槽内部，“刀具位置”选择“相切”，“切削模式”选择“往复”，“步距”选择“残余高度”，“最大残余高度”设为“0.01”。其他参数默认。

④ 检查几何体选择及参数设置

选择与驱动几何体相邻的两个面作为检查几何体。如图 5-17 所示。

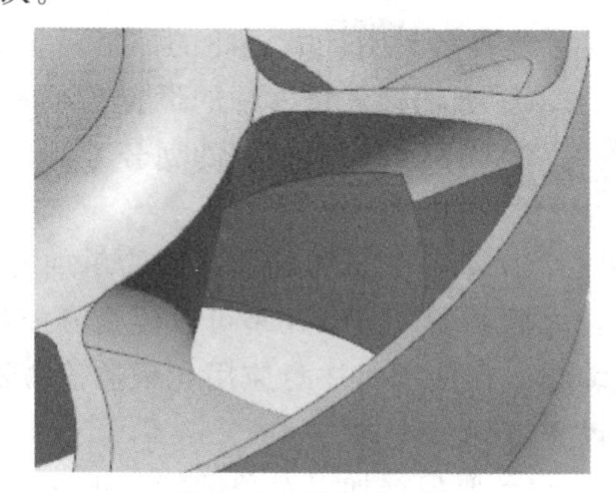

图 5-17　检查几何体

⑤ 刀轴的设置

刀轴类型选择“插补矢量”，然后进入“插补矢量”对话框。如图 5-18 所示。

此时，在驱动体上有 10 个点及其相应的矢量位置，我们需要做的就是运用指定矢量中的视图方向方式分别设置 10 个点的刀轴矢量。这和我们粗加工设置型腔铣刀轴是同样的方法，“插值方法”选择“光顺”。

专题研讨：利用“插补矢量”重新设置 10 个点的刀轴矢量时，各个点之间的刀轴位置应该遵循什么原则？原因是什么？

⑥ 其他参数设置

切削参数余量页中，“内、外公差”设置为“0.003”；安全设置页中，“过切时”设为“跳刀”，“检查安全距离”设为“0”；其他参数默认；非切削移动参数转移/快速页中，“安全设置选项”设为“包容圆柱”，“距离”设置为“3”；进给率和速度参数按照表 5-5 设置。其刀路轨迹如图 5-19 所示。（注意两个相邻位置之间刀轴变化不要太大，否则刀路轨迹会扭曲）

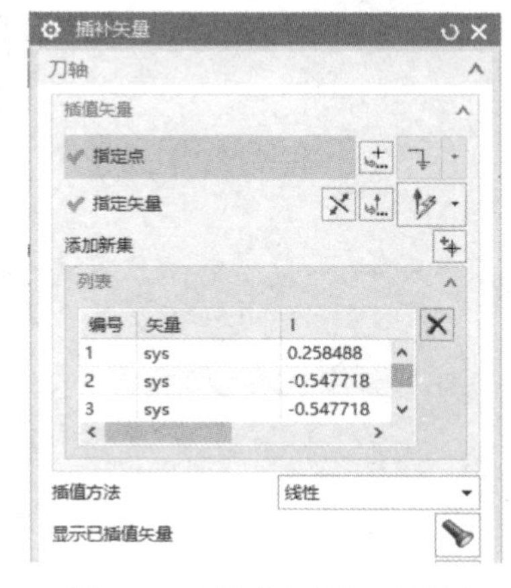

图 5-18　“插补矢量”对话框

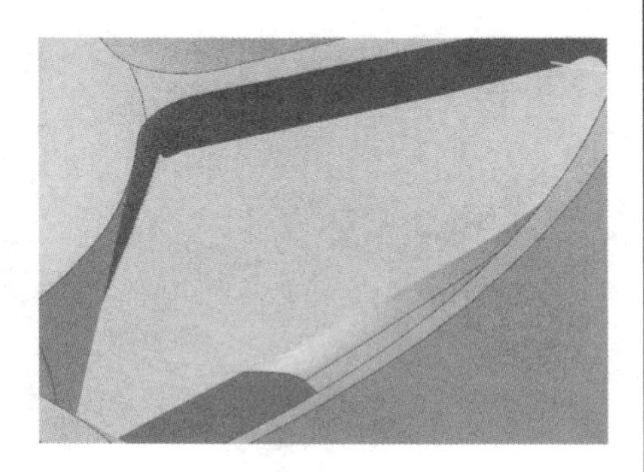

图 5-19　涡轮槽区域 1 精加工刀路轨迹

(5) 涡轮槽其他区域精加工

其他区域的精加工编制方法和区域 1 的完全一样，此处不再重复。如有疑问，请扫描二维码观看微课视频。

三、任务小结

1. 关键知识点

本任务针对闭式涡轮的加工，主要涉及 UG 五轴编程相关方法。

① 五轴补矢量刀轴的设置；

② 分区域编程前提的划分方法。

2. 注意事项

① 插补矢量刀轴的运用简单理解就是随心所欲想让刀轴怎么摆就怎么摆，换言之插补矢量刀轴几乎可以说是万能的刀轴控制方式，不管是四轴编程还是五轴编程。在使用时注意应用光顺插值方法、利用视图方向设置刀轴矢量，注意考虑设备行程。

② 要根据加工对象的特点正确、合理分区域编程。相邻区域之间最好要有刀路的重叠。

拓展练习工作手册

教学模块	模块二　五轴加工编程
拓展练习	练习 5　静子涡轮盘的五轴加工编程
工作环境	计算机、UG NX 软件
练习级别	基础练习
团队成员	

一、基础任务描述

加工如图 5-20 所示零件，要求按单件生产设计其数控加工工艺方案，利用 CAM 软件（UG）编制该零件的数控程序。材料为镍基高温合金。

① 要求按单件生产设计其数控加工工艺方案；

② 利用 CAM 软件（UG）编制该零件涡轮槽的数控程序。

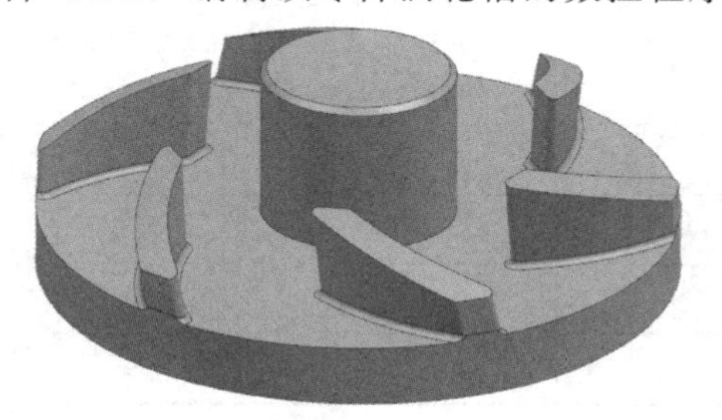

图 5-20　基础练习

练习级别	进阶练习
团队成员	

二、进阶任务描述

加工如图 5-21 所示零件，材料为铝合金。要求：

① 按单件生产设计其数控加工工艺方案；

② 利用 CAM 软件（UG）编制该零件涡轮槽的数控程序。

图 5-21　静子涡轮盘

三、任务分析与实施

1. 工艺分析

(1) 装夹方案的确定

(2) 加工工艺方案确定(见表 5-6)

表 5-6 数控加工工序卡片

数控加工工序卡片			产品名称	零件名称	材料		零件图号	
工序		夹具名称		使用设备				
工步号	工步内容	刀具号	主轴转速 /(r/min)	进给速度 /(mm/r)	背吃刀量 /mm	侧吃刀量 /mm	驱动方法	刀轴

(3) 刀具的确定(见表 5-7)

表 5-7 数控加工刀具卡

数控加工刀具卡片	工序	产品名称	零件名称	夹具名称	材料	零件图号

序号	刀具号	刀具名称及规格	刀尖半径/mm	加工表面	备注

2. 各工步关键加工参数及刀路轨迹截图

(1) 工步 1(截图)

（2）工步 2（截图）

（3）工步 3（截图）

（4）工步 4（截图）

3. 仿真加工结果截图

随堂测试

班级________　　　　姓名________

单选题得分	判断题得分	总分

一、单选题（每题1分，共5分）

1. 数控设备中，可加工最复杂零件的控制系统是（　　）系统。

A. 点位控制　　B. 轮廓控制　　C. 直线控制　　D. 以上都不正确

2. 按照机床运动的控制轨迹分类，加工中心属于（　　）。

A. 点位控制　　B. 直线控制　　C. 轮廓控制　　D. 远程控制

3. 曲率变化不大，精度要求不高的曲面轮廓，宜采用（　　）。

A. 四轴联动加工　　B. 三轴联动加工

C. 两轴联动加工　　D. 两轴半加工

4. 下列细微加工技术中，（　　）属于去除材料加工（即体积减小）。

A. 高速微粒子加工　　B. 溅射加工

C. 蚀刻技术（光、电子束）　　D. 电镀

5. 在精密加工中，由于热变形引起的加工误差占总误差的（　　）。

A. ＜20％　　B. 20％～40％　　C. 40％～70％　　D. ＞80％

二、判断题（每题1分，共5分）

（　　）1. 五轴加工中有 AC 结构、BC 结构、摆头结构等。

（　　）2. 多轴加工必须按照工艺顺序才能顺利加工完零件。

（　　）3. 加工中心鼓轮式刀库和链式刀库比较，一般链式刀库比鼓轮式刀库容量大。

（　　）4. 加工中心特别适宜加工轮廓形状复杂、加工时间长的模具。

（　　）5. 计算机辅助编程生成刀具轨迹前要指定所使用的数控系统。

考核评价

班级________　　　　姓名________

评价内容	考核点	配分	扣分点及扣分标准	自评 30%	互评 30%	师评 40%	得分
工艺规程（20分）	工步安排	6	工艺方案不合理、不优化，每处扣2分；不符合机械加工基本原则不得分				
	刀具选择	4	一处不当扣1分，扣完为止				
	切削用量	6	一处不当扣1分，扣完为止				
	文字表达	4	语言不规范、文字不简练，每处扣1分；表述错误，记0分				
项目作品（50分）	模型处理	10	模型处理不当，每处扣2分，扣完为止				
	加工方法	15	加工方法选择不合理，每次扣1分；加工方法创建错误，每处扣2分				
	参数设置	15	加工参数设置错误每处扣4分；不合理、不优化每处扣2分				
	仿真结果	10	仿真时有空刀扣5分；仿真时每碰撞一次扣2分；表面质量不好扣2～3分				
职业素养（20分）	出勤	5	迟到、早退一次扣0.5分，请假一次扣1分，旷课一节扣2分。缺勤达到本项目1/3学时则本项目按零分计				
	工作态度	3	课前任务完成一般扣1分；完成较差扣2分；完成很差或未完成该项不得分				
		3	课堂表现有序活跃、积极思考、踊跃回答和练习				
		2	实训过程细致、认真，积极帮助其他同学				
		2	服从老师及班干部、小组长安排，如有违反不得分				
	职业规范	2	实训场地干净、整洁；设备、人员安全有序；实训过程符合规范				
	团队协作 语言表达	3	积极主动协助其他成员完成任务，不代替他人完成任务；语言表达准确、术语规范、思路清晰、逻辑严谨、表达流畅				
随堂测试（10分）		10					
综合		100					

项目六

环形辐板的五轴加工编程

项目导入

环形辐板结构特点

环形辐板是航空发动机众多盘类零件中的一种，它与其对应的轴、叶片等零件相连接而组成转子组件。环形辐板处在高速工作状态，通常转速在10000r/min以上，同时承受很大的应力。由于教学的需要本项目案例在真实的环形辐板的基础上做了部分教学化改造。

拟实现的教学目标

素质目标

1. 树立追求卓越、不断进取的质量意识和攀登精神；
2. 具备良好的沟通与协作能力，有良好的团队合作意识。

知识目标

1. 理解并掌握相对于驱动体刀轴的设置；
2. 熟悉圆柱面走刀形式与加工质量控制。

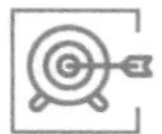

能力目标

1. 能运用相对于驱动体刀轴完成编程；
2. 能实施环形辐板零件的五轴铣削编程。

对接“1+X”多轴数控加工职业技能等级证书标准（高级）技能要求：

1. 能根据机械加工工艺原则，使用机械加工工艺手册，结合零件及机床特点，完成零件的五轴数控加工工艺的编制；
2. 能根据加工零件及数控机床的特点，运用数控加工刀具的理论知识，合理选择刀具的切削用量；

3. 能根据零件特点及工作任务要求，使用CAD/CAM软件，完成五轴联动加工编程。

讨论： 以你在学校或企业的学习、实训经历谈谈你对团队协作重要性的理解。

课程思政——成功的秘密：团队协作

下达任务

任务描述

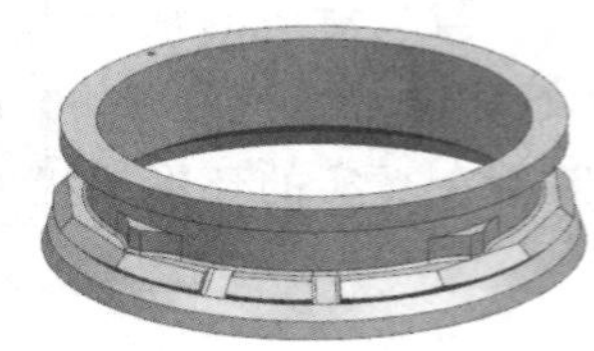

图 6-1　环形辐板

加工如图6-1所示零件，要求按单件生产设计其数控加工工艺方案，利用CAM软件（UG）编制该零件的数控程序。其他部位均已加工到位，材料为不锈钢。

垂直或相对于驱动体刀轴

知识准备

【知识点一】　垂直或相对于驱动体刀轴

1. 垂直于驱动体

垂直于驱动体刀轴是指在每个“驱动点”处垂直于“驱动曲面”的“可变刀轴”。由于此选项需要用到一个驱动曲面，因此它只在使用了“曲面或流线驱动方法”后才可用。“垂直于驱动体”可用于在非常复杂的“部件表面”上控制刀轴的运动，如图6-2所示。

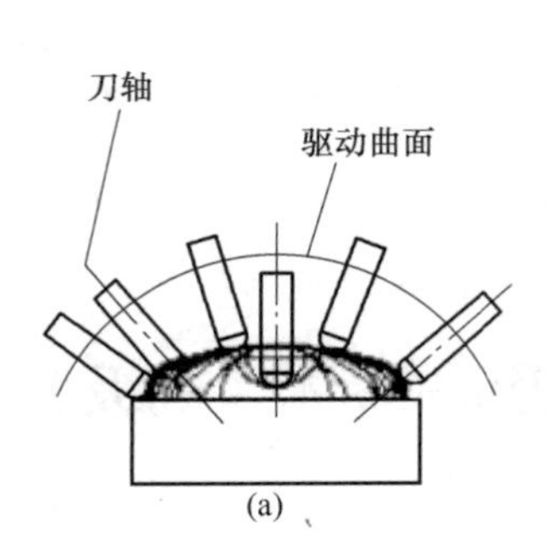

(a)

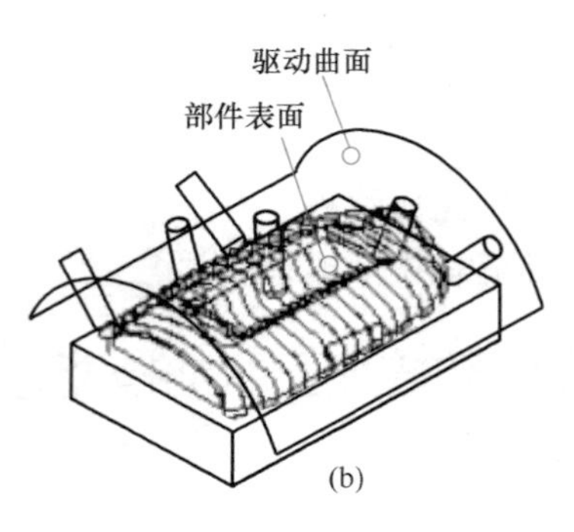

(b)

刀轴
驱动曲面
(c) 无前倾角、无侧倾角

图 6-2　垂直于驱动体刀轴

2. 相对于驱动体

相对于驱动体刀轴是指刀轴与驱动曲面成直角（即垂直于驱动体）的情况下

“刀轴”向前、向后、向左或向右倾斜（即前倾角、侧倾角）。此刀轴的工作方式与“相对于部件”非常相同。只是相对于部件必须要求指定部件几何体。由于此选项需要用到一个驱动曲面，因此它只在使用了“曲面或流线驱动方法”后才可用。如图6-3所示。

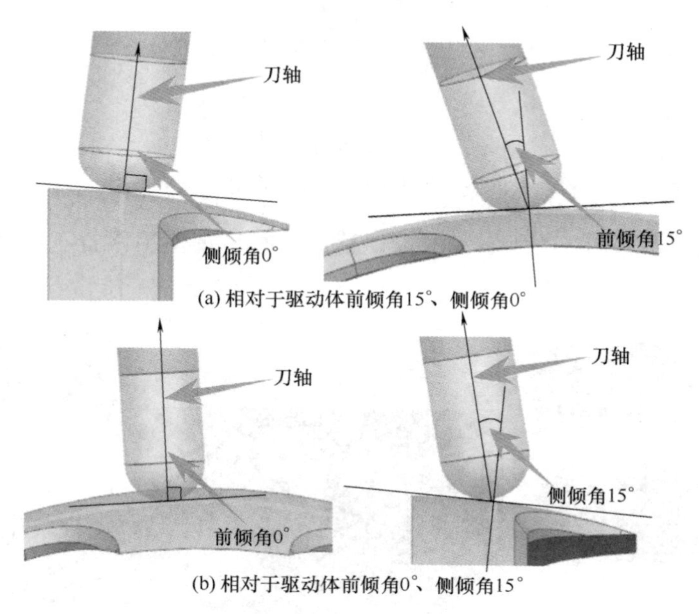

图6-3　相对于驱动体刀轴

【知识点二】　圆柱面走刀形式与加工质量控制

对于圆柱面的铣削加工，走刀形式可以是平行于圆柱母线走直线，也可以是垂直于圆柱母线走圆。如图6-4、图6-5所示。

图6-4　环形走刀

图6-5　平行走刀

但是立铣刀的端刃的刀尖点和中心点并不在一个平面上，中心点比刀尖点往刀具内部凹进一些。示意图如图6-6所示。

知识点交流： 如果圆柱面的宽度很小，无法采用平行圆柱母线的方式走到，只能采用环绕圆柱面削切，为了保证加工质量，解决的措施是什么？

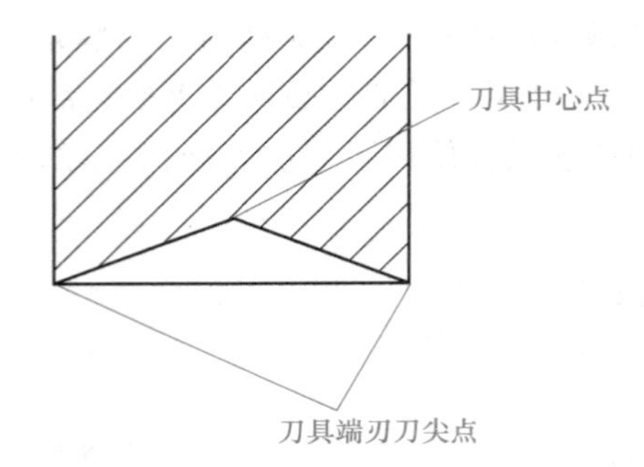

图 6-6　立铣刀的端刃的刀尖点和中心点示意图

实际加工效果如图 6-7 所示。所以，精加工时尽量使用平行于圆柱母线走直线即平行走刀。

图 6-7　实际加工效果

【知识点三】　不锈钢切削特性及切削用量

从切削加工的角度讲，不锈钢较低的导热系数、高的延伸率、较高的高温强度和硬度等特性使其成为一种难加工材料。不锈钢有以下切削特点：

（1）加工硬化倾向大

在不锈钢中，以奥氏体和奥氏体＋铁素体不锈钢的加工硬化现象最为突出。如奥氏体不锈钢硬化后的强度 σ_b 达 1470～1960MPa，而且随 σ_b 的提高，屈服极限 σ_s 升高；退火状态的奥氏体不锈钢 σ_s 不超过的 σ_b30％～45％，而加工硬化后达 85％～95％。加工硬化层的深度可达切削深度的 1/3 或更大；硬化层的硬度比原来的提高 1.4～2.2 倍。因为不锈钢的塑性大，塑性变形时品格歪扭，强化系数很大；且奥氏体不够稳定，在切削应力的作用下，部分奥氏体会转变为马氏体；再加上化合物杂质在切削热的作用下，易于分解呈弥散分布，使切削加工时产生硬化层。前一次进给或前一道工序所产生的加工硬化现象严重影响后续工序的顺利进行。

（2）切削力大

不锈钢在切削过程中塑性变形大，尤其是奥氏体不锈钢（其伸长率超过 45 钢的 1.5 倍），使切削力增加。同时，不锈钢的加工硬化严重，热强度高，进一步增大了切削抗力，切屑的卷曲折断也比较困难。因此加工不锈钢的切削力大，如车削 1Cr18Ni9Ti 的单位切削力为 2450MPa，比 45 钢高 25%。

（3）切削温度高

切削时塑性变形及与刀具间的摩擦都很大，产生的切削热多；加上不锈钢的导热系数约为 45 钢的 1/2～1/4，大量切削热都集中在切削区和刀-屑接触的界面上，散热条件差。在相同的条件下，1Cr18Ni9Ti 的切削温度比 45 钢高 200℃左右。

（4）刀具易磨损

切削不锈钢过程中的亲和作用，使刀-屑间产生黏结、扩散，从而使刀具产生黏结磨损、扩散磨损，致使刀具前刀面产生月牙洼，切削刃还会形成微小的剥落和缺口；加上不锈钢中的碳化物（如 TiC）微粒硬度很高，切削时直接与刀具接触、摩擦，擦伤刀具，还有加工硬化现象，均会使刀具磨损加剧。

加工不锈钢材料铣削及钻削切削参数见表 6-1～表 6-4。

表 6-1　机夹铣刀铣削不锈钢切削参数表

被加工材料	布氏硬度/HB	刀具材料			
		钨钴钛硬质合金	钨钴硬质合金 TiAIN 涂层	钨钴硬质合金 TiCN 涂层	钨钴硬质合金
		铣削宽度 a_e(mm)≤0.4×铣刀有效直径 D_c			
		切削深度 a_p/mm			
		0.25～2-0.5～2-3～10			
		每齿进给量 f_z/(mm/z)			
		0.1～0.15～0.2	0.05～0.1～0.2	0.1～0.2～0.4	0.1～0.2～0.4
		切削速度 v_c/(m/min)			
马氏体-铁素体型不锈钢	200	210～190～170	190～170～135	160～125～80	140～115～85
	330	155～140～120	130～120～95	105～85～55	80～70～50
马氏体型不锈钢	200	200～175～160	190～170～130	140～110～70	130～110～80
	330	145～130～115	130～115～95	100～80～50	75～65～50
奥氏体型不锈钢	180	190～170～155	180～160～130	130～105～70	125～105～80
	200	160～140～130	140～125～100	115～95～60	85～75～50
	330	135～120～110	115～105～85	90～70～50	70～55～40
沉淀硬化型不锈钢	200	160～140～130	140～125～100	115～95～60	85～75～50
	330	135～120～110	115～105～85	90～70～50	75～55～40

表 6-2　整体硬质合金铣刀侧面铣削不锈钢切削参数表

被加工材料	布氏硬度/HB	刀具材料：钨钴硬质合金、钨钴硬质合金 TiAlN 涂层					
		切削深度 a_p(mm)和切削宽度 a_e(mm)范围 $a_p \leqslant 0.1 \times D_c$ $a_e < D_c$			切削深度 a_p(mm)和切削宽度 a_e(mm)范围 $a_p \leqslant D_c$ $a_e < 0.1 \times D_c$		
		切削速度 v_c/(m/min)	铣刀直径 D_c/mm	每齿进给量 f_z/(mm/z)	切削速度 v_c/(m/min)	铣刀直径 D_c/mm	每齿进给量 f_z/(mm/z)
马氏体-铁素体型不锈钢	200	120～160	3	0.03～0.04	72～128	3	0.01～0.02
	330	90～120	4	0.04～0.07	54～96	4	0.02～0.04
马氏体型不锈钢	200	96～136	5	0.05～0.09	64～96	5	0.03～0.06
	330	72～102	6	0.05～0.10	48～72	6	0.03～0.07
奥氏体型不锈钢	180	88～132	8	0.06～0.11	53～79	8	0.05～0.09
	200	80～120	10	0.07～0.12	48～72	10	0.07～0.12
	330	60～90	12	0.08～0.13	36～54	12	0.08～0.13
沉淀硬化型不锈钢	200	80～120	16	0.09～0.16	48～72	16	0.09～0.15
	330	60～90	20	0.13～0.25	36～54	20	0.10～0.16

表 6-3　整体硬质合金铣削曲面及凹槽——不锈钢切削参数表

被加工材料	布氏硬度/HB	刀具材料：钨钴硬质合金、钨钴硬质合金 TiAlN 涂层			刀具材料：钨钴硬质合金、钨钴硬质合金 TiAlN 涂层		
		曲面切削深度 a_p(mm)和切削宽度 a_e(mm)范围 $a_p \leqslant 0.05 \times D_c$ $a_e \leqslant 0.5 \times a_p$			凹槽切削深度 a_p(mm)和切削宽度 a_e(mm) $a_p \times a_e \leqslant 0.5 \times D_c$		
		切削速度 v_c/(m/min)	铣刀直径 D_c/mm	每齿进给量 f_z/(mm/z)	切削速度 v_c/(m/min)	铣刀直径 D_c/mm	每齿进给量 f_z/(mm/z)
马氏体-铁素体型不锈钢	200	120～160	3	0.03～0.04	40～75	3	0.01～0.02
	330	90～120	4	0.04～0.07	30～55	4	0.01～0.03
马氏体型不锈钢	200	95～135	5	0.05～0.09	35～70	5	0.02～0.03
	330	70～100	6	0.05～0.10	25～50	6	0.02～0.04
奥氏体型不锈钢	180	90～135	8	0.06～0.11	35～55	8	0.03～0.04
	200	80～120	10	0.07～0.12	30～50	10	0.04～0.05
沉淀硬化型不锈钢	330	60～90	12	0.08～0.13	25～35	12	0.04～0.06
	200	80～120	16	0.09～0.16	30～50	16	0.05～0.08
	330	60～90	20	0.09～0.16	25～35	20	0.06～0.08

表 6-4　钻削不锈钢切削参数表

被加工材料	布氏硬度/HB	刀具材料	切削速度 v_c/(m/min)	钻头直径 D_c/mm			
				3～6	6.01～10	10.01～14	14.01～20
				进给量 f_n/(mm/r)			
马氏体-铁素体型不锈钢	200	超细微粒钨钴硬质合金 钨钴硬质合金TiCN 涂层	28～48	0.08～0.14	0.1～0.22	0.14～0.28	0.16～0.3
	330		21～36	0.08～0.1	0.08～0.14	0.1～0.18	0.12～0.2
马氏体型不锈钢	200		28～48	0.08～0.14	0.1～0.22	0.14～0.28	0.16～0.3
	330		21～36	0.08～0.1	0.08～0.14	0.1～0.18	0.12～0.2
奥氏体型不锈钢	180		28～48	0.08～0.14	0.1～0.22	0.14～0.28	0.16～0.3
	200		28～48	0.08～0.14	0.1～0.22	0.14～0.28	0.16～0.3
	330		21～36	0.08～0.1	0.08～0.14	0.1～0.18	0.12～0.2
沉淀硬化型不锈钢	200		28～48	0.08～0.14	0.1～0.22	0.14～0.28	0.16～0.3
	330		21～36	0.08～0.1	0.08～0.14	0.1～0.18	0.12～0.2

任务实施工作手册

教学模块	模块二　五轴加工编程
项目名称	项目六　环形辐板的五轴加工编程
工作环境	计算机、UG NX 软件

一、任务描述

加工如图 6-1 所示零件，其他部位均已加工到位，材料为不锈钢。要求：

① 按单件生产设计其数控加工工艺方案；

② 利用 CAM 软件（UG）编制该零件的五轴数控加工程序。

二、任务分析与实施

1. 工艺分析

通过对零件的分析可知，此零件在五轴设备上的加工量并不是很大，但比较有特点。对于圆柱面的铣削加工，走刀形式可以是平行于圆柱母线走直线，也可以是垂直于圆柱母线走圆。由于立铣刀端刃的问题，往往在允许的条件下必须选择前者进行精加工。这点在零件分析与准备工作微课二维码中会有详细介绍。

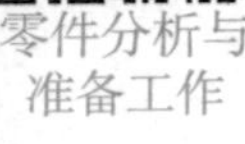

2. 加工工艺方案及刀具的确定（表 6-5）

表 6-5　数控加工工序卡片

数控加工工序卡片			产品名称	零件名称	材料	零件图号	
			环形辐板	环形辐板	12Cr17Ni7	CSHY-FDJ-06	
工序	数铣	夹具名称	SXZY-06	使用设备		DMU50	
工步号	工步内容		刀具类型	刀具直径/mm	主轴转速/(r/min)	进给速度/(mm/min)	刀具名称	操作名称
1	环形槽粗加工		圆角刀	ϕ12R2	4000	2500	D12R2	1
2	环形槽精加工		圆角刀	ϕ12R2	4500	2000	D12R2	2
3	环形槽圆角精加工		球头铣刀	$R2$	8000	1000	R2	3
4	斜平面精加工		立铣刀	ϕ12	4500	1500	D12	5
5	缺口精加工		圆角刀	ϕ12R2	4500	2000	D12R2	6

3. 各工步实施过程及关键加工参数设置

（1）环形辐板零件分析与准备工作

① 零件分析

通过分析直径、距离和局部半径，知道本案例零件本道铣削工序的最大直径约为 ϕ260mm、长度约为 25mm、圆角为 $R2$。

② 准备工作

毛坯创建：将模型复制到另一图层，通过同步建模删除面方法，先删除加工部位侧面跟圆柱面间的圆角，再恢复斜面及缺口在上道工序完成之后的状态；然后通过绘制整圆加拉伸的方法，恢复环形槽在上道工序完成之后的状态；最后保持 $R2$ 的圆角。

坐标系创建：进入加工模块，将“工序导航器”切换至“几何视图”。设置加工坐标系位于零件顶面中心，且 Z 轴平行于零件轴线。

刀具创建：创建名称为 D12R2 的圆角刀、D12 的立铣刀和 $R1$ 的球头铣刀。

(2) 环形槽粗、精加工

① 驱动曲面创建

将没有缺口部位两凸起特征间圆角外边界向 ZM 方向拉伸 16.5。如图 6-8 所示。

环形槽粗、精加工

② 创建干涉（检查）面

将驱动面侧面的壁利用扩大命令扩大。如图 6-9 所示。注意：扩大面时，扩大的范围一定要大于切削的最大范围。

专题研讨：为什么扩大面的扩大范围一定要大于切削的最大范围？如果小于切削的最大范围会产生什么影响？

图 6-8　驱动曲面

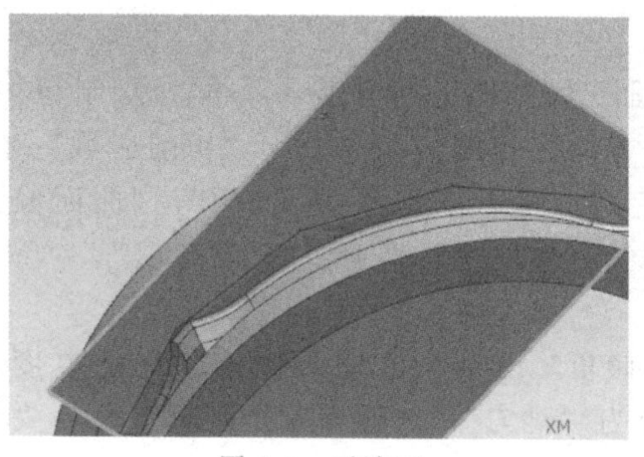

图 6-9　干涉面

③ 创建操作

单击“创建工序”，选择类型为“mill_multi_axis”，工序子类型为第二个“可变流线铣”，刀具选择“D12R2”，几何体选择“WORKPIECE”，名称设置为“1”。

④ 曲面驱动方法参数设置

曲面驱动方法参数中，选择创建的驱动曲面作为驱动几何体，“材料侧”指向 *ZM* 方向，“切削方向”如图 6-10 所示。“切削区域”中曲面百分比“第一个起点”设为“－10”，“第一个终点”设为“110”，“曲面偏置”设为“0.03”，“切削模式”选择“往复”，“步距”选择“数量”，“步距数”设为“15”，“切削步长”设为“公差”，“内、外公差”设为“0.01”。如图 6-11 所示。

⑤ 其他参数设置

选择创建的扩大面作为干涉面。打开“可变轮廓铣”对话框中的刀轴组，选择“相对于驱动体”，“前倾角”设为 10 度，打开“应用光顺”。切削参数安全设置页中，“检查安全距离”设为“0”；余量页中，“内、外公差”设置为“0.003”，其他参数默认；非切削移动参数转移/快速页中，“安全设置选项”设为“包容圆柱”，“距离”设置为“3”；进给率和速度参数中按照表 6-1 设置。产生出环形槽粗加工刀路轨迹，如图 6-12 所示。（如果扩大的范围小于或等于切削的最大范围，则会出现意想不到的过切。）

图 6-10　切削方向

图 6-11　轨迹预览

⑥ 环形槽精加工

环形槽精加工程序和粗加工编程基本一样。复制粗加工操作，曲面驱动方法参数中，“切削方向”如图 6-13 所示。“切削区域”中曲面百分比“起始步长”设为“－10”，“结束步长”设为“110”，“曲面偏置”设为“0”，“切削模式”选择“往复”，“步距”选择“残余高度”，“最大残余高度”设为“0.01”。

刀轴设置中“前倾角”设为 0 度，“侧倾角”设为 30 度。切削参数安全设置页中，“过切时”设为“跳刀”，“检查安全距离”设为“0.1”。其他参数保持不变。

图 6-12　环形槽粗加工刀路轨迹

进给率和速度参数中按照表 6-5 设置。产生出环形槽精加工刀路轨迹。如图 6-14 所示。

图 6-13　切削方向

环形槽圆角精加工

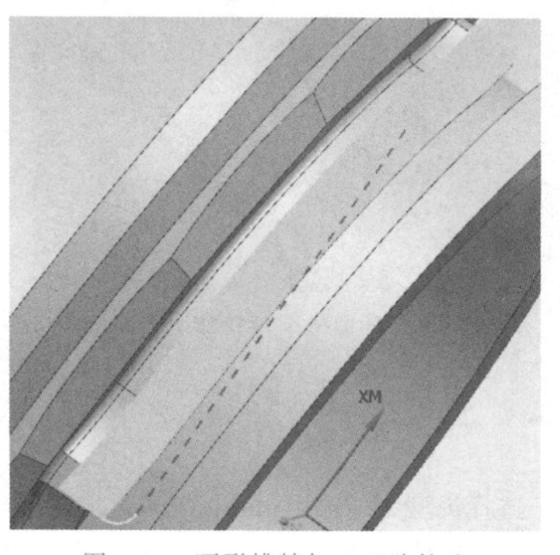

图 6-14　环形槽精加工刀路轨迹

（3）环形槽圆角精加工

① 模型处理

进入建模环境，在如图 6-15 的位置绘制一直线，然后运用曲面分割功能将侧壁面分割。

斜平面精加工

图 6-15 分割曲线

② 创建操作

单击“创建工序”，选择类型为“mill_multi_axis”，工序子类型为第三个“外形轮廓铣”，刀具选择“R2”，几何体选择“WORKPIECE”，名称设置为“3”。

③ 设置参数

选择实体零件为“部件”，选择环形面为“底面”，取消“自动壁”，选择分割后的大面为“壁”。切削参数中余量页中“壁余量”设为“0.02”（设置壁余量的目的是因为侧壁在之前的车削工序中已经加工到位，为了在加工圆角的时候不划伤侧壁，才设置壁余量）；“内、外公差”设置为“0.003”；其他参数默认。

进给率和速度参数中按照表 6-1 设置。产生出环形槽圆角精加工刀路轨迹，如图 6-16 所示。其他部位的刀路可通过刀路变换得到。

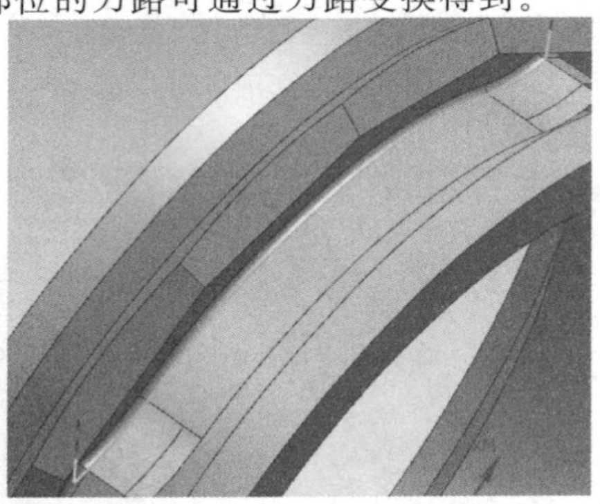

图 6-16 环形槽圆角精加工刀路轨迹

（4）斜平面精加工

① 创建操作

单击“创建工序”，选择类型为“mill_multi_axis”，工序子类型为第一个“可变轮廓铣”，刀具选择“D12”，几何体选择“WORKPIECE”，名称设置为“4”。

② 其他参数设置

驱动方法选择“曲面”，驱动几何体选择一个“斜平面”，“材料侧”垂直于平面向外，“切削方向”任选一个指向较长方向的箭头，“切削区域”中曲面百分比“起始步长%”设为“50”，“结束步长%”设为“50”，“切削步长”设为“公差”，“内、外公差”设为“0.01”。

选择驱动面为部件几何体。刀轴设为“垂直于驱动体”。切削参数多刀路页中，“部件余量偏置”设为“5”，“步进方法”设置为“刀路”，“刀路数”设置为“5”。其他参数默认；非切削移动参数转移/快速页中，“安全设置选项”设为“包容圆柱”，“距离”设置为“3”；进给率和速度参数中按照表6-5设置，产生出斜平面加工刀路轨迹，如图6-17所示。

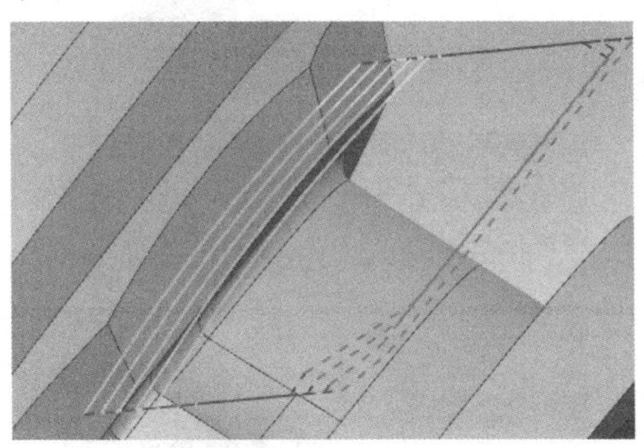

图6-17　斜平面加工刀路轨迹

(5) 缺口精加工

缺口的宽度为14mm，圆角半径为2mm，缺口底面宽度为10mm。

① 创建操作

单击“创建工序”，选择类型为“mill_multi_axis”，工序子类型为第一个“可变轮廓铣”，刀具选择“D12R2”，几何体选择“WORKPIECE”，名称设置为“5”。

② 其他参数设置

驱动方法选择“曲面”，驱动几何体选择“缺口底平面”，“材料侧”垂直于平面向外，“切削方向”如图6-18所示。“切削区域”中曲面百分比“起始步长%”设为“40”，“结束步长%”设为“60”（通过刀具直径与缺口底平面宽度之比）；“步距”选择“数量”，“步距数”设为“1”（实际刀路数为步距数+1）；“切削步长”设为“公差”，“内、外公差”设为“0.01”。

选择驱动面为部件几何体，环形槽底部圆柱面为检查面。刀轴设为“垂直于驱动体”。切削参数多刀路页中，“部件余量偏置”设为“6”，“步进方法”设置为“刀路”，“刀路数”设置为“6”；安全设置页中，“过切时”设为“跳刀”，“检查安全距离”设为“0.1”；其他参数默认；非切削移动参数转移/快速页中，“安全设置选项”设为“包容圆柱”，“距离”设置为“3”；进给率和速度参数中按照表6-1设置。产生出缺口加工刀路轨迹，如图6-19所示。

图 6-18 缺口加工切削方向

图 6-19 缺口加工刀路轨迹

三、任务小结

1. 关键知识点

本任务针对环形辐板的加工，主要涉及 UG 五轴编程相关方法。

① 相对于驱动体刀轴的含义和使用方法；

② 圆柱面走刀形式与加工质量的关系。

2. 注意事项

① 相对于驱动体刀轴是四轴、五轴加工编程常用到的刀轴方式。理解了它就能很好理解垂直于驱动体、相对于部件、垂直于部件其他三种刀轴。

② 对于圆柱面的铣削加工，走刀形式可以是平行于圆柱母线走直线，也可以是垂直于圆柱母线走圆。由于立铣刀端刃外围刀尖点和端刃中心点不在同一平面的问题，垂直于圆柱母线走圆的切削模式会造成中间凸、两边凹，即使减小行距也没法消除该现象。所以在允许的条件下必须选择平行于圆柱母线走直线切削模式进行精加工。

拓展练习工作手册

教学模块	模块二　五轴加工编程
拓展练习	练习 6　连接轴的五轴加工编程
工作环境	计算机、UG NX 软件
练习级别	基础练习
团队成员	

一、基础任务描述

加工如图 6-20 所示零件，要求按单件生产设计其数控加工工艺方案（下端圆柱加工到位），利用 CAM 软件（UG）编制该零件的数控程序。材料为不锈钢。

① 要求按单件生产设计其数控加工工艺方案；

② 利用 CAM 软件（UG）编制该零件的数控程序。

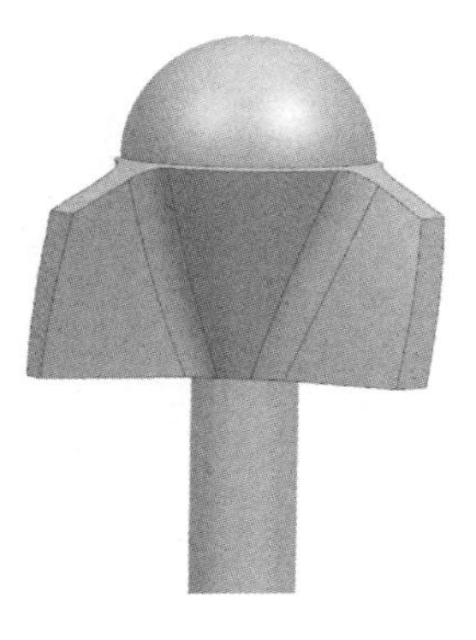

图 6-20　基础练习

练习级别	进阶练习
团队成员	

二、进阶任务描述

加工如图 6-21 所示零件，材料为铝合金。要求：

① 按单件生产设计其数控加工工艺方案；

② 利用 CAM 软件（UG）编制该零件的数控程序。

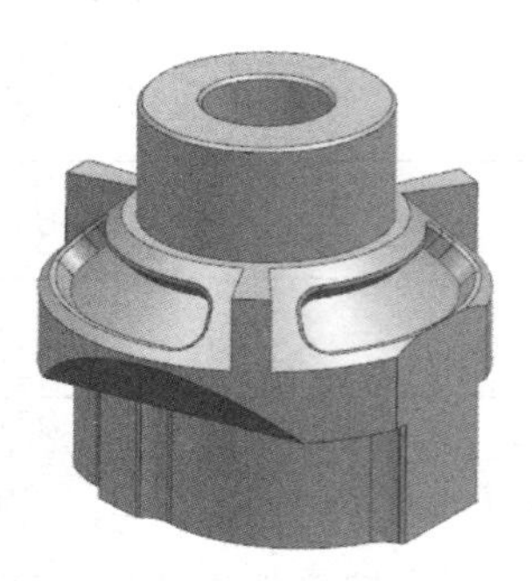

图 6-21　连接轴

三、任务分析与实施

1. 工艺分析

（1）装夹方案的确定

（2）加工工艺方案确定（见表 6-6）

表 6-6 数控加工工序卡片

数控加工工序卡片		产品名称	零件名称	材料	零件图号			
工序		夹具名称		使用设备				
工步号	工步内容	刀具号	主轴转速/(r/min)	进给速度/(mm/r)	背吃刀量/mm	侧吃刀量/mm	驱动方法	刀轴

（3）刀具的确定（见表 6-7）

表 6-7 数控加工刀具卡

数控加工刀具卡片	工序	产品名称	零件名称	夹具名称	材料	零件图号
序号	刀具号	刀具名称及规格	刀尖半径/mm	加工表面	备注	

2. 各工步关键加工参数及刀路轨迹截图

（1）工步 1（截图）

（2）工步 2（截图）

（3）工步 3（截图）

（4）工步 4（截图）

3. 仿真加工结果截图

随堂测试

班级________ 姓名________

单选题得分	判断题得分	总分

一、单选题（每题1分，共5分）

1. 在多轴加工的后置处理中，不需要考虑的因素有（ ）。

A. 刀具的长度和机床的结构 B. 工件的安装位置

C. 工装、夹具的尺寸关系 D. 夹具类型

2. 五轴联动加工中心大多是3+2的结构，其中2指的是（ ）。

A. 两个直线运动轴 B. 两个旋转运动轴

C. 一个直线运动轴、一个旋转运动轴 D. 以上都不正确

3. 下列哪项是相对于驱动体刀轴相关设置参数（ ）。

A. 最大侧倾角 B. 最小侧倾角

C. 最大前倾角 D. 前倾角

4. 以下不属于五轴联动加工中心结构的是（ ）。

A. 双转台式 B. 转台加摆头式

C. 双摆头式 D. 无转台不摆头

5. 关于高速切削，（ ）的描述是错误的。

A. 与传统切削相比，单位时间内材料去除率增加3～6倍，生产效率高

B. 切削力减小，有利于薄壁、细长杆等刚性零件的加工

C. 由于95%以上的切削热被切屑迅速带走，所以适合加工易产生热变形及热损伤要求较高的零件

D. 由于主轴转速高，所以易造成机床振动

二、判断题（每题1分，共5分）

（ ）1. 铣床床台上的T形槽，其用途之一为当基准面。

（ ）2. 四轴联动或五轴联动加工与五个以上轴的同时加工，称为多轴加工。

（ ）3. 相对于驱动体和相对于部件两种刀轴形式完全一样。

（ ）4. 减小轴表面的粗糙度值有利于减小应力集中。

（ ）5. 测量复杂轮廓形状零件可选用万能工具显微镜。

考核评价

班级________　　　　姓名________

评价内容	考核点	配分	扣分点及扣分标准	自评30%	互评30%	师评40%	得分
工艺规程（20分）	工步安排	6	工艺方案不合理、不优化，每处扣2分；不符合机械加工基本原则不得分				
	刀具选择	4	一处不当扣1分，扣完为止				
	切削用量	6	一处不当扣1分，扣完为止				
	文字表达	4	语言不规范、文字不简练，每处扣1分；表述错误，记0分				
项目作品（50分）	模型处理	10	模型处理不当，每处扣2分，扣完为止				
	加工方法	15	加工方法选择不合理，每次扣1分；加工方法创建错误，每处扣2分				
	参数设置	15	加工参数设置错误每处扣4分；不合理、不优化每处扣2分				
	仿真结果	10	仿真时有空刀扣5分；仿真时每碰撞一次扣2分；表面质量不好扣2～3分				
职业素养（20分）	出勤	5	迟到、早退一次扣0.5分，请假一次扣1分，旷课一节扣2分。缺勤达到本项目1/3学时则本项目按零分计				
	工作态度	3	课前任务完成一般扣1分；完成较差扣2分；完成很差或未完成该项不得分				
		3	课堂表现有序活跃、积极思考、踊跃回答和练习				
		2	实训过程细致、认真，积极帮助其他同学				
		2	服从老师及班干部、小组长安排，如有违反不得分				
	职业规范	2	实训场地干净、整洁；设备、人员安全有序；实训过程符合规范				
	团队协作 语言表达	3	积极主动协助其他成员完成任务，不代替他人完成任务；语言表达准确、术语规范、思路清晰、逻辑严谨、表达流畅				
随堂测试（10分）		10					
综合		100					

项目七 离心叶轮的五轴加工编程

项目导入

离心叶轮结构特点

航空发动机离心叶轮是压气机的关键零件之一，与叶盘等零件组成压气机转子。叶轮的功能是将叶盘输出的轴向气流进一步压缩提高空气压比，并将气流径向输出给扩压器。离心叶轮的工作转数一般为40000～70000r/min，工作温度为400～700℃。

拟实现的教学目标

素质目标

1. 重点培养学生严谨、细致、精益求精的工匠精神；
2. 践行航空报国、技能强国的使命担当。

知识目标

1. 阐明叶轮几何体的类型；
2. 掌握叶轮专用模块的多轴编程；
3. 理解叶轮加工刀路延伸的含义。

能力目标

1. 能正确识别叶轮几何体的类型；
2. 能运用叶轮专用模块完成多轴编程；
3. 能设置叶轮加工刀路延伸；
4. 能实施离心叶轮零件的五轴铣削编程。

对接“1+X”多轴数控加工职业技能等级证书标准（高级）技能要求：

1. 能根据机械加工工艺原则，使用机械加工工艺手册，结合零件及机床特点，完成零件的五轴数控加工工艺的编制；

2. 能根据加工零件及数控机床的特点，运用数控加工刀具的理论知识，合理选择刀具的切削用量；

3. 能根据零件特点及工作任务要求，使用CAD/CAM软件，完成五轴联动加工编程；

4. 能根据加工对象的加工信息，使用数控加工仿真软件，通过三维化仿真加工，完成干涉和过切的检查。

讨论： 从罗阳的事迹中谈谈你在学习过程和将来的职业岗位中如何践行航空强国？

课程思政——航空报国

下达任务

任务描述

加工如图7-1所示零件，要求按单件生产设计其数控加工工艺方案，利用CAM软件（UG）编制该零件的数控程序。外围表面已加工到位，材料为钛合金。

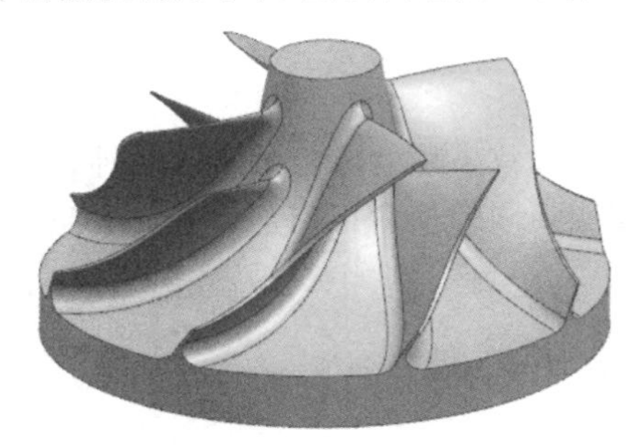

图7-1　离心叶轮

知识准备

在涡轮铣加工中，使用叶轮专用模块来加工含多个叶片的部件，如叶轮或叶盘（带或不带分流叶片）。叶轮专用模块专用于加工叶片类型的部件。而且对于这些类型部件，此工序的加工效率最高。用于执行粗加工、剩余铣、轮毂精加工、圆角精加工以及叶片和分流叶片精加工的工序。

【知识点一】　叶轮几何体

在使用叶轮专用模块来加工含多个叶片的部件之前，必须识别叶轮几何体并进行正确选择。如图7-2所示。

1. 轮毂几何体

指叶片（分流叶片）叶根所连接的主体面。如图7-3所示。

图 7-2 叶轮几何体对话框

图 7-3 轮毂几何体

2. 包覆几何体

指叶轮叶尖所连接的最外围面。如图 7-4 所示。

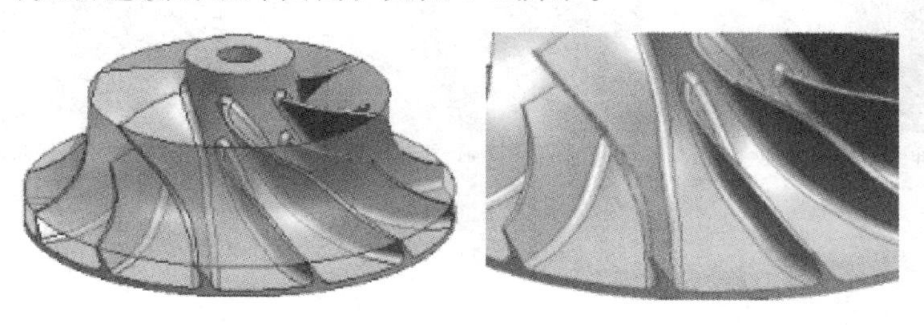

图 7-4 包覆几何体

3. 叶片、分流叶片几何体

整体叶轮的主体。如图 7-5 所示。

主叶片

分流叶片

图 7-5 叶片、分流叶片几何体

知识点交流： 如何判定一个主叶片对应的分流叶片？如果判断错误会对编程造成什么样的影响？

4. 叶根圆角几何体

叶片叶根与轮毂面之间的圆角面。如图 7-6 所示。

图 7-6　叶根圆角几何体

【知识点二】　叶轮加工刀路延伸

延伸目的是去除前缘前端和后缘后端多余的残料或便于从毛坯外侧进刀。叶轮加工刀路延伸分为切向延伸和径向延伸。切向延伸指的是沿着叶片走向进行延伸，而径向延伸指的是沿着叶轮轴的方向进行延伸。如图 7-7 所示。

切向延伸=0；径向延伸=0

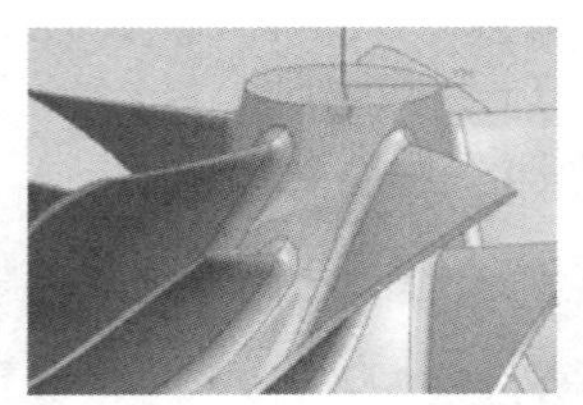

切向延伸=100%；径向延伸=0

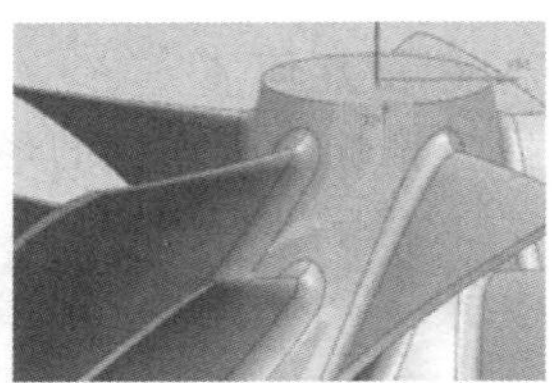

切向延伸=0；径向延伸=100%

图 7-7　叶轮加工刀路延伸

任务实施工作手册

教学模块	模块二　五轴加工编程
项目名称	项目七　离心叶轮的五轴加工编程
工作环境	计算机、UG NX 软件

一、任务描述

加工如图 7-1 所示零件，外围表面已加工到位，材料为钛合金。要求：

① 按单件生产设计其数控加工工艺方案；

② 利用 CAM 软件（UG）编制该零件的五轴数控加工程序；

③ 运用 VERICUT 加工仿真软件搭建五轴机床，并完成项目零件加工程序的安全检查和校验。

二、任务分析与实施

零件分析与准备工作

1. 工艺分析

叶轮叶型的加工是叶轮加工工艺的重点和难点部分。为了实现叶轮叶型的高效和高质量加工，其加工需要配备很高的硬件和软件设施，加工设备为具有复杂扭曲曲面加工能力的五轴五联动加工中心，软件上需要叶轮复杂曲面的专业编程软件。离心叶轮正是五轴联动加工的典型航空零件。

整体叶轮叶型的加工方法有五轴数控铣削、五轴电解、电火花加工等，其中五轴数控铣削是当今叶轮叶型加工最为普遍和有效的加工方法。

2. 加工工艺方案及刀具的确定（见表 7-1）

表 7-1　数控加工工序卡片

数控加工工序卡片			产品名称	零件名称	材　料	零件图号		
			离心叶轮	离心叶轮	TA15	CSHY-FDJ-07		
工序	数铣	夹具名称	SXZY-07	使用设备		DMU50		
工步号	工步内容		刀具类型	刀具直径/mm	主轴转速/(r/min)	进给速度/(mm/min)	刀具名称	操作名称
1	叶片上部粗加工		立铣刀	$\phi 20$	1600	800	D20	1
2	轮毂粗加工		球头铣刀	$R3$	5000	1500	R3	2
3	轮毂精加工		球头铣刀	$R3$	5500	1000	R3	3
4	叶片精加工		球头铣刀	$R3$	5500	1000	R3	4

3. 各工步实施过程及关键加工参数设置

离心叶轮毛坯创建

(1) 离心叶轮零件分析与准备工作

① 零件分析

通过分析距离和直径，知道零件底座直径为 $\phi 100$，高度为 50mm，叶根圆角为 $R3$。

② 准备工作

毛坯创建：利用主叶片包覆面上的单条曲线旋转成毛坯主体，运用拉伸命令将毛坯主体底面圆边界拉伸至零件底面并与旋转毛坯主体求和，拉伸转毛坯主体上面圆边界至顶面，不求和。

离心叶轮叶片上部粗加工

坐标系创建：进入加工模块，将“工序导航器”切换至“几何视图”。设置加工坐标系位于零件的上表面中心，且 Z 轴垂直于上表面。

刀具创建：创建名称为 D20 和 R3 的立铣刀。

(2) 离心叶轮叶片上部粗加工

整体叶轮叶片上部粗加工采用的是型腔铣加工方法，此方法属于三轴铣削编程的内容，此处不再重复。其刀路轨迹如图 7-8 所示。(如有疑问，请扫二维码观看微课视频)

图 7-8 整体叶轮叶片上部粗加工

轮毂粗加工

专题研讨： 离心叶轮上部突出的型面在采用型腔铣方法时，切削的最低位置在叶片的上方好还是进入叶片好？为什么？并分别简述两种方案的优缺点。

(3) 轮毂粗加工

① 创建叶轮几何体

点击“创建几何体”按钮，在弹出的创建几何体对话框中“类型”选择“mill_multi_blade”，“几何体子类型”选择第三个“MULTI_BLADE_GEOM”，位置“几何体”选择“WORKPIECE”，名称保持不变。如图 7-9 所示。

图 7-9 创建叶轮几何体

然后按照知识点一的介绍设置几何体。如图 7-10 所示。(注意分流叶片应选择主叶片旋向内部的)

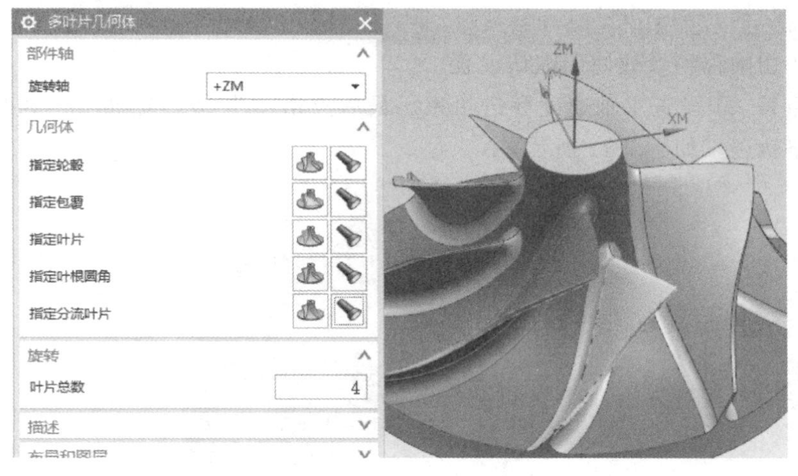

图 7-10　各类型叶轮几何体的配置

② 创建操作

单击“创建工序”，选择类型为“mill_multi_blade”，工序子类型为“多叶片粗加工”，刀具选择“R3”，几何体选择“MULTI_BLADE_GEOM”，名称设置为“1”。

③ 叶片粗加工驱动方法参数设置

在叶片粗加工驱动方法参数中，前缘部分“叶片边点”选择“沿叶片方向”，“切向延伸”设为“刀具直径的 60%”，“径向延伸”设为“刀具直径的 30%”；后缘“边定义”选择“指定”，切向、径向延伸分别为 50% 和 0，“起始位置”选择中间由上向下的箭头；驱动设置中的“最大距离”设为“1mm”。刀路预览情况如图 7-11 所示。

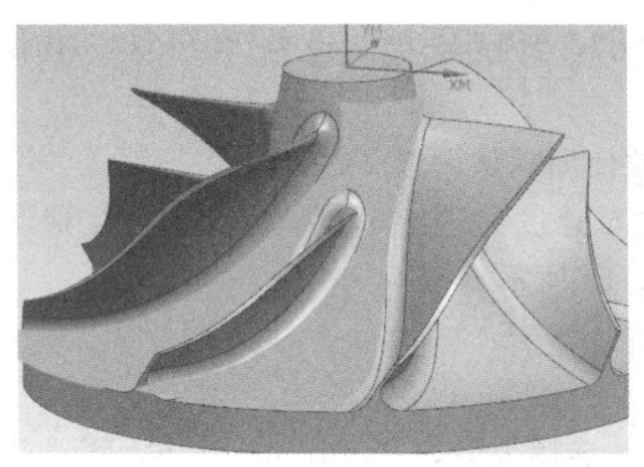

图 7-11　叶片粗加工刀路预览

④ 切削层和其他参数设置

切削层参数中“深度模式”保持“从包覆插补至轮毂”，每刀切深“距离”设为“1.2mm”，其他参数不变。

在切削参数“策略”页中，“光顺百分比”设为“50%”左右；在“余量”页中，“叶片余量”设为“0.2”，“轮毂余量”设为“0.3”。切削参数的其他参数使用默认值。

在非切削移动参数使用默认设置。

按照表 7-1 设置主轴速度和进给率。最后点击“生成”按钮，产生出轮毂粗加工刀路轨迹，如图 7-12 所示。

轮毂精加工

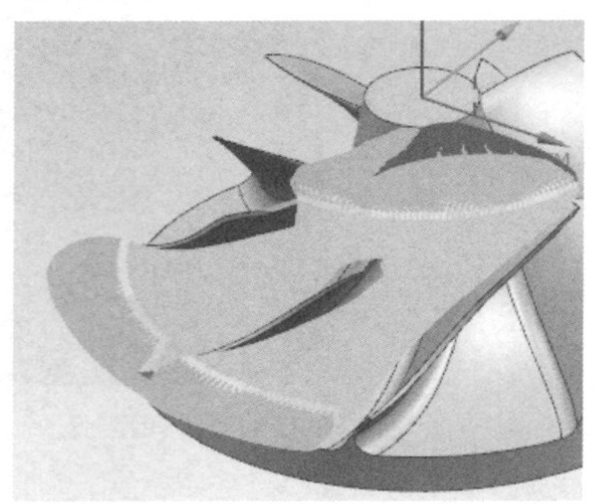

图 7-12　轮毂粗加工刀路轨迹

叶片精加工

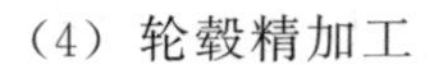

(4) 轮毂精加工

① 创建操作

单击“创建工序”，选择类型为“mill_multi_blade”，工序子类型为“轮毂精加工”，刀具选择“R3”，几何体选择“MULTI_BLADE_GEOM”，名称设置为“2”。

② 参数设置

在轮毂精加工驱动方法参数中，除了“步距”选择“残余高度”，“最大残余高度”设为“0.01”。

在切削参数“策略”页中，“光顺百分比”设为“50%”左右；在“余量”页中，所有余量均设为“0”，“内外公差”设为“0.003”。切削参数的其他参数使用默认值。

在非切削移动参数使用默认设置。

按照表 7-1 设置主轴速度和进给率。最后点击“生成”按钮，产生出轮毂精加工刀路轨迹，如图 7-13 所示。

(5) 叶片精加工

① 创建操作

单击“创建工序”，选择类型为“mill_multi_blade”，工序子类型为“叶片精加工”，刀具选择“R3”，几何体选择“MULTI_BLADE_GEOM”，名称设置为“3”。

② 叶片精加工参数设置

在叶片精加工驱动方法参数中，后缘部分“叶片边点”选择“沿叶片方向”，“切向延伸”设为“3mm”，其他参数采用默认。

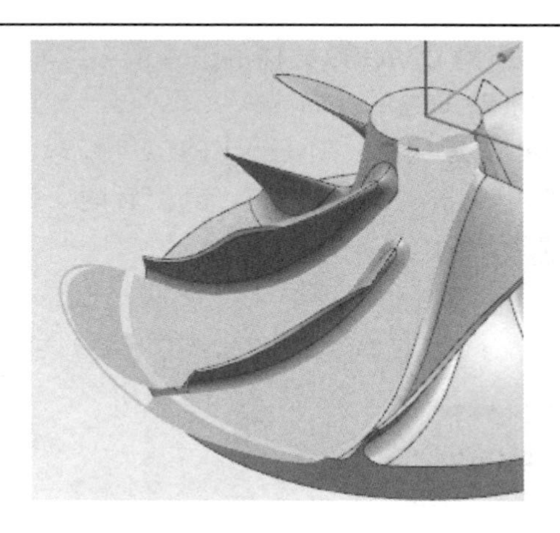

图 7-13　轮毂精加工刀路轨迹

切削层参数中“深度模式”保持“从包覆插补至轮毂”，“每刀切深”选择“残余高度”，“残余高度”设为“0.02”，其他参数不变。

在切削参数“余量”页中，所有余量均设为“0”，“内外公差”设为“0.003”。切削参数的其他参数使用默认值。

在非切削移动参数“快速/转移”页中，“公共安全设置”选择“包容圆柱体”，“安全距离”设为“3”，其他使用默认设置。

按照表 7-1 设置主轴速度和进给率。最后点击“生成”按钮，产生出叶片精加工刀路轨迹，如图 7-14 所示。

③ 分流叶片精加工

分流叶片加工参数设置除了在叶片精加工驱动方法参数中“要精加工的几何体”选择“分流叶片 1”，其他参数和叶片精加工一样。产生出的分流叶片精加工刀路轨迹，如图 7-15 所示。

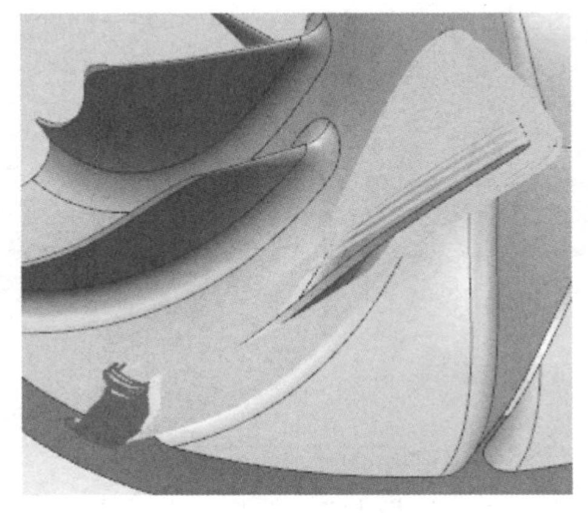

图 7-14　叶片精加工刀路轨迹

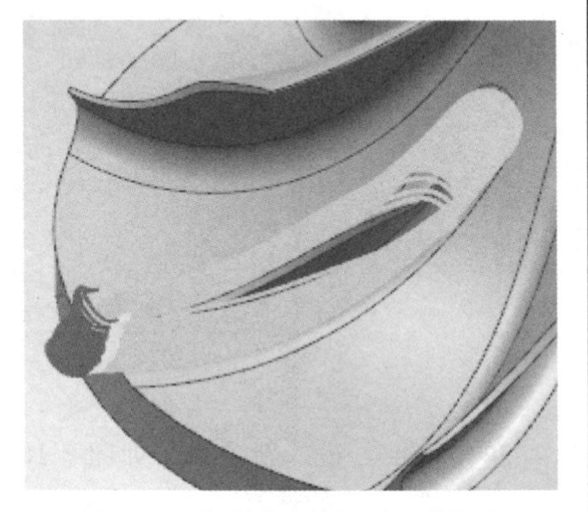

图 7-15　分流叶片精加工刀路轨迹

其他部位的加工刀路轨迹只需进行变换即可。

4. VERICUT 软件环境 DMU50 机床的搭建

(1) 机床搭建前的准备工作

① 创建工作目录并新建项目　打开 VERICUT9.2，进入 VERICUT9.2 界面，在主菜单“文件”中单击“工作目录”，给之后的文件保存创建一个工作目录，便于操作。如图 7-16 所示。

图 7-16　创建 VERICUT 工作目录

然后在主菜单“文件”中单击“新项目”。创建一个新项目，弹出新的 VERICUT 项目对话框，选择单位“毫米”，并将文件名命名为 DMU50-Siemens840D-BC 轴. vcproject，如图 7-17 所示。

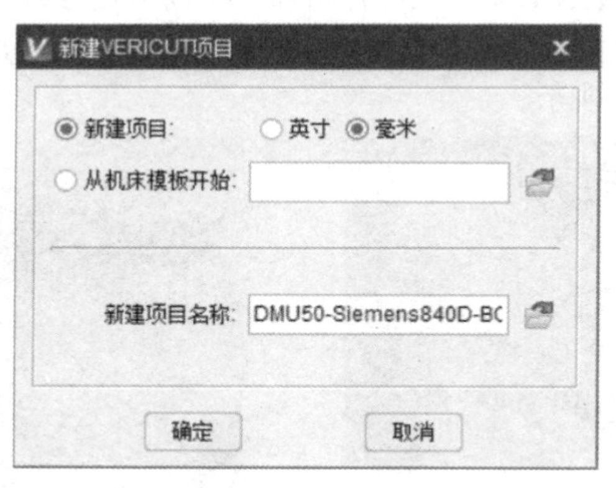

图 7-17　命名 VERICUT 新项目

单击确定，进入新项目。如图 7-18 所示。

② 控制系统的选择　右键单击左侧项目树中的“控制”，然后选择“打开”，找到 VERICUT9.2 安装目录中的 library 文件夹，选择 Sin840d. ctl 即西门子 840 系统。如图 7-19 所示。

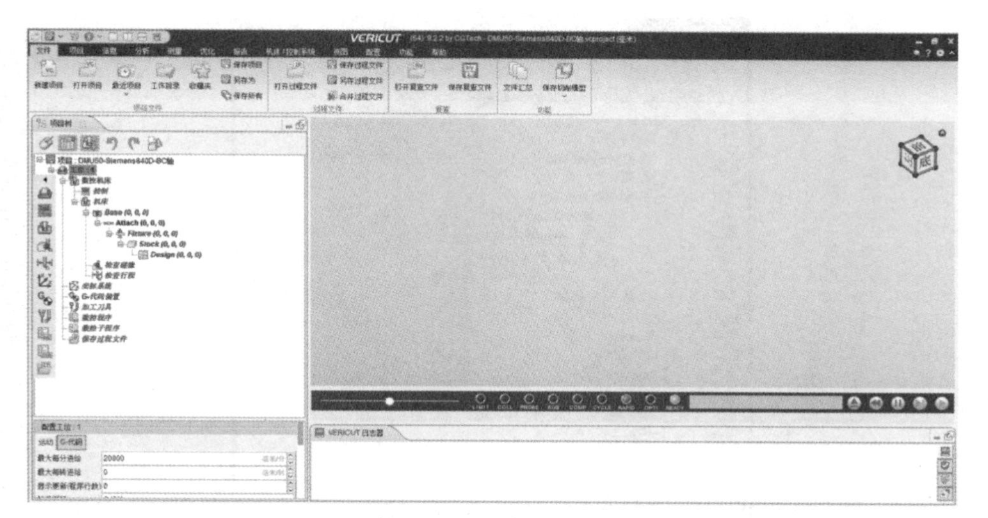

图 7-18　新项目界面

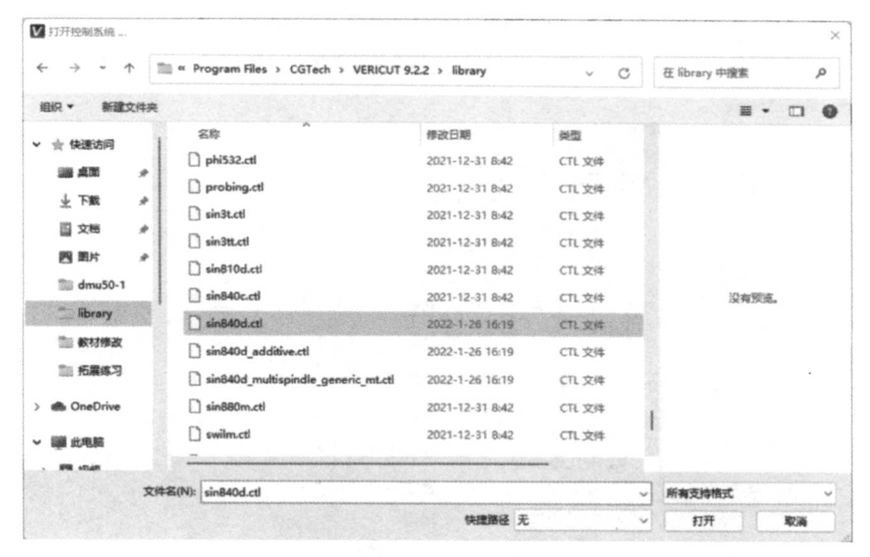

图 7-19　控制系统选择

（2）DMU50 加工中心的搭建

① 机床各个轴的创建及模型添加　在创建 DMU50 机床各个轴及添加模型之前将各个轴的模型文件转换成 stl 文件，保存在工作目录中。

在正式调入机床模型文件之前点击项目树中的项目 DMU50-Siemens840D-BC 轴，将下方“配置项目”中的“调用机床仿真口令”复选框选中。如图 7-20 所示。

a. 机床本体的模型添加：右键单击左侧项目树中的“Base”即图标 Base (0, 0, 0)，然后选择“模型添加”中的“模型文件”，弹出如图 7-21 所示的对话框。

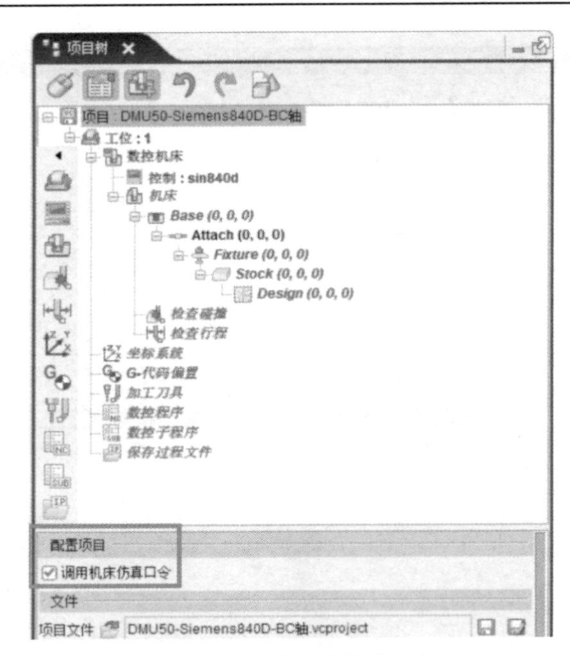

图 7-20　调用机床仿真口令

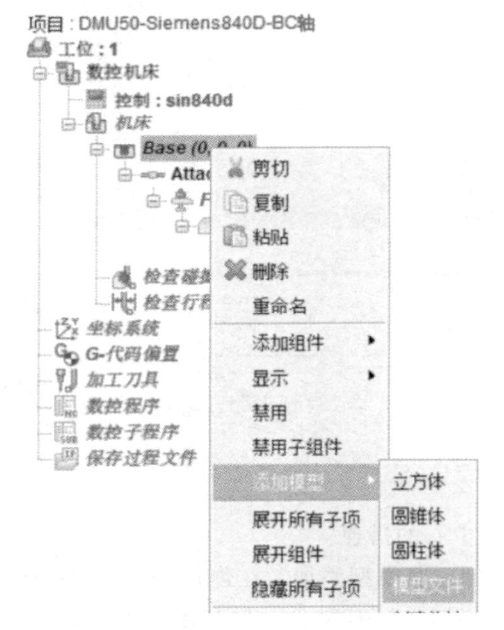

图 7-21　Base 模型添加

点击“模型文件”之后，弹出“打开”对话框。在对话框右侧捷径中选择工作目录，在中间选中 BASE_1. stl 文件，然后点击打开。如图 7-22 所示。

打开之后，在项目树下方的配置模型中去除颜色继承，然后更改模型的颜色，在右侧机床/切削模型视图中出现相应颜色的 BASE_1. 如图 7-23 所示。

图 7-22　BASE_1 模型添加

图 7-23　BASE_1 模型

以相同的方法添加在 BASE 下面添加本体 BASE_2 和 BASE_3，结果如图 7-24 所示。

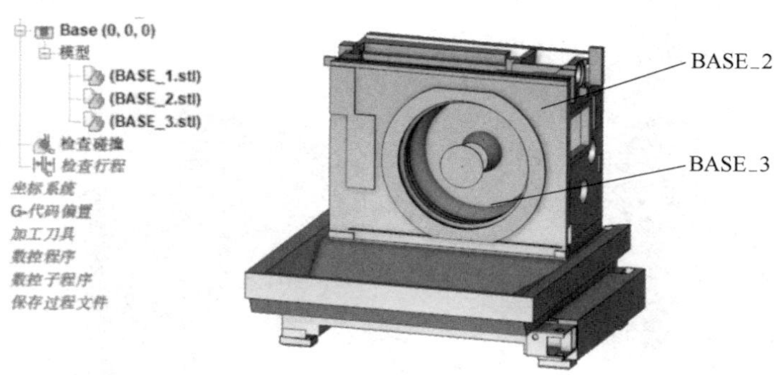

图 7-24　BASE_2 和 BASE_3 模型

b. X 轴的添加和 X 轴模型添加。右键单击左侧项目树中的“Base”即图标 **Base (0, 0, 0)**，然后选择“添加”中的“X 线性”，弹出如图 7-25 所示的对话框。

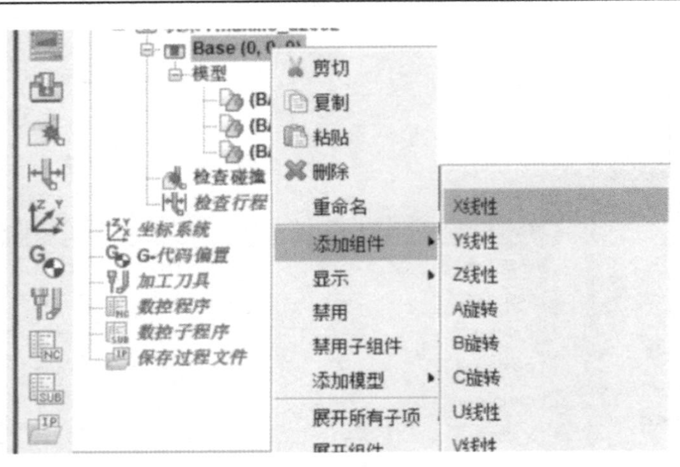

图 7-25　添加 *X* 轴

添加之后的结果如图 7-26 所示。

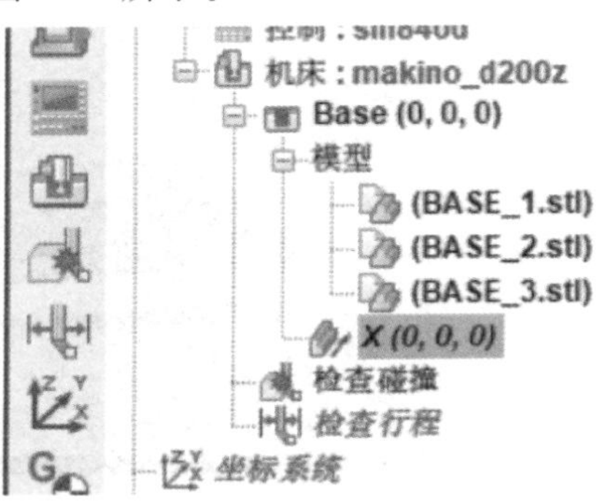

图 7-26　*X* 轴添加结果

右键单击左侧项目树中的“X”即图标 X (0, 0, 0)，然后选择“添加模型”中的“模型文件”，并选择文件 X_AXIS. stl 和 X_AXIS2. stl，并改变颜色。*X* 轴模型添加结果如图 7-27 所示。

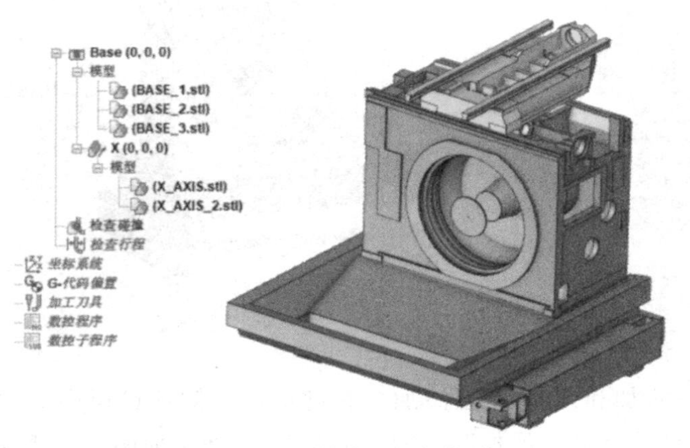

图 7-27　*X* 轴模型添加结果

c. Y 轴的添加和 Y 轴模型添加。右键单击左侧项目树中的“X”即图标 X(0,0,0)，然后选择“添加”中的“Y 线性”，弹出如图 7-28 所示的对话框。（切记 Y 轴是搭建在 X 轴之上，所以 Y 轴的父系轴是 X 轴）

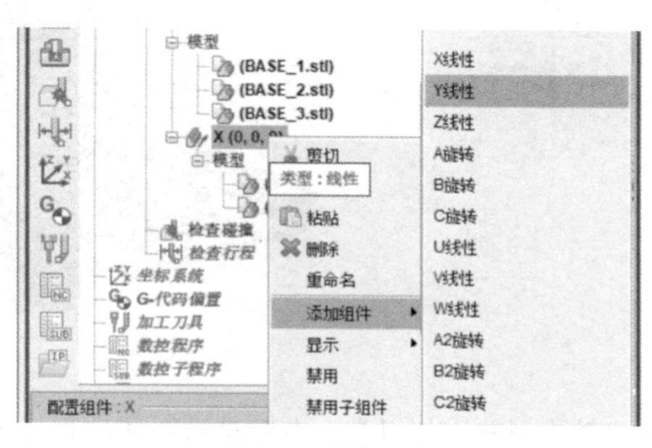

图 7-28　添加 Y 轴

右键单击左侧项目树中的“Y”即图标 Y(0,0,0)，然后选择“添加模型”中的“模型文件”，点击项目树下方的“配置组件-Y”，在“移动页”的“位置”处将输入 0 300 0。并选择文件 Y_AXIS. stl，并改变颜色。Y 轴模型添加结果如图 7-29 所示。

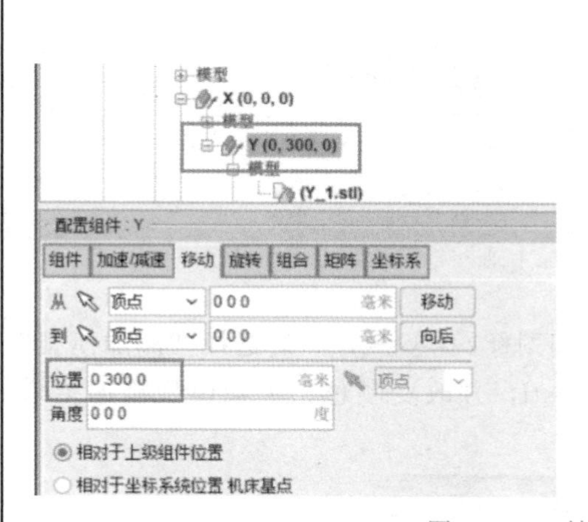

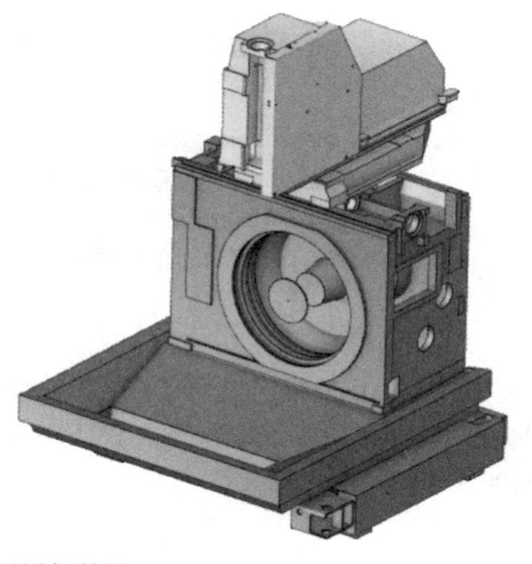

图 7-29　Y 轴模型添加结果

d. Z 轴的添加和 Z 轴模型添加。右键单击左侧项目树中的“Y”即图标 Y(0,0,0)，然后选择“添加”中的“Z 线性”，右键单击左侧项目树中的“Z”即图标 Z(0,0,0)，然后选择“添加模型”中的“模型文件”，点击项目树下方的“配置组件-Z”，在“移动页”的“位置”处将输入 0 0 450。并选择文件 Z_AXIS. stl，并改变颜色。Z 轴模型添加结果如图 7-30 所示。（同理 Z 轴是搭建在 Y 轴之上，所以 Z 轴的父系轴是 Y 轴）

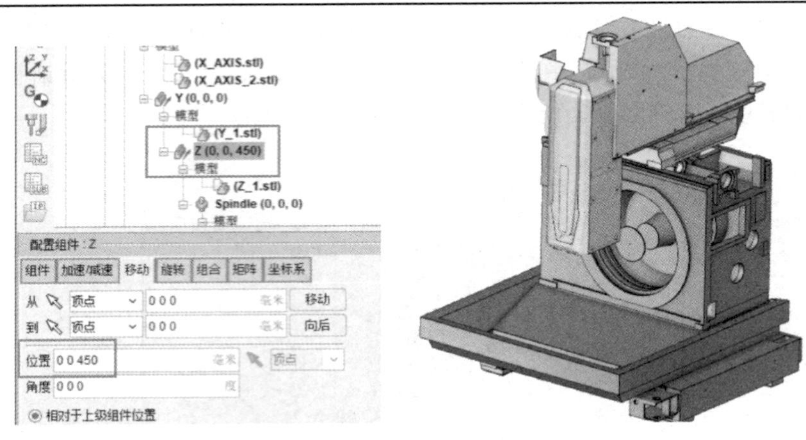

图 7-30　Z 轴模型添加结果

e. 添加主轴、主轴模型并添加刀具。右键单击左侧项目树中的“Z”即图标 Z (0, 0, 0)，然后选择“添加”中的“主轴”，弹出如图 7-31 所示的对话框。(主轴是搭建在 Z 轴之上，所以主轴的父系轴是 Z 轴)

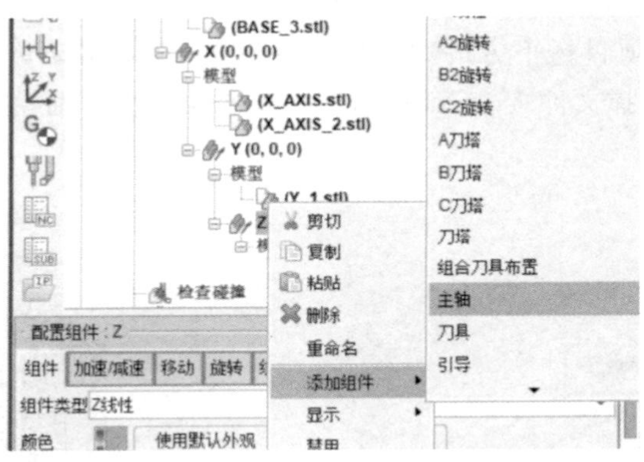

图 7-31　添加主轴

右键单击左侧项目树中的“Spindle”即图标 Spindle (0, 0, 0)，然后选择“添加模型”中的“模型文件”，并选择文件 SPINDLE. stl，并改变颜色。主轴模型添加结果如图 7-32 所示。

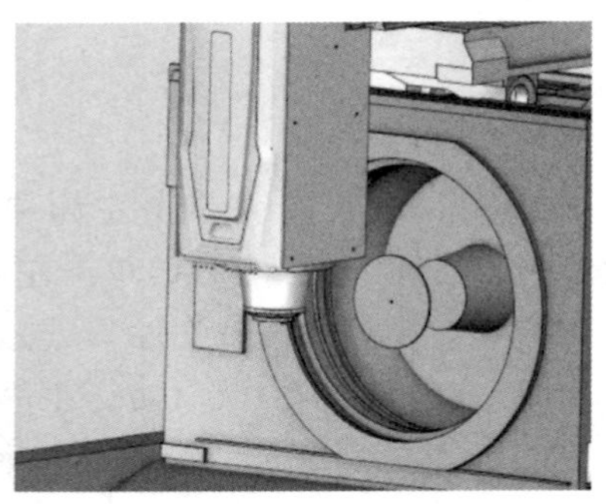

图 7-32　主轴模型添加结果

然后右键单击左侧项目树中的“Spindle”即图标 Spindle (0, 0, 0)，然后选择“添加”中的“刀具”，弹出如图 7-33 所示的对话框。

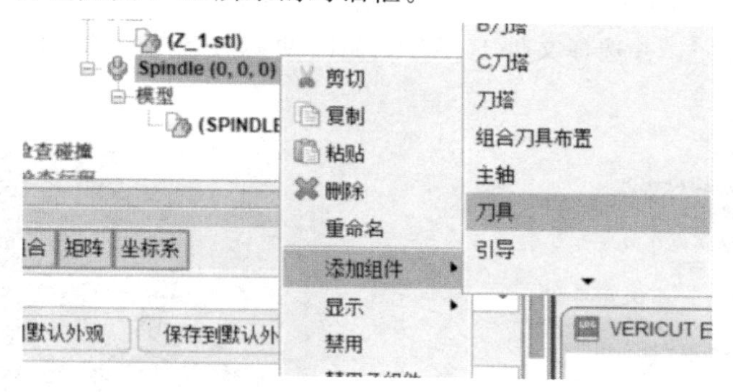

图 7-33　添加刀具

添加之后的结果如图 7-34 所示。

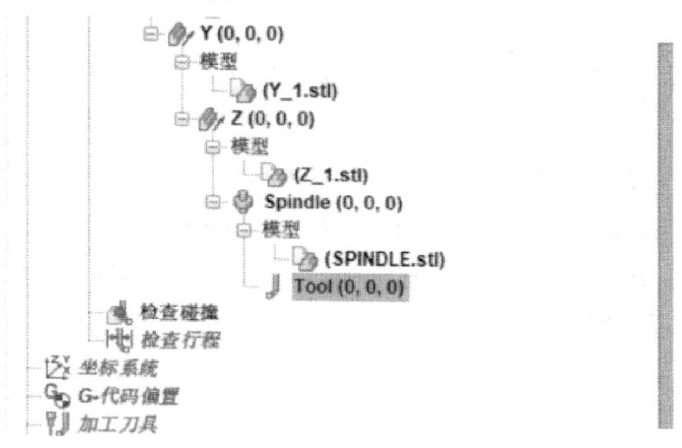

图 7-34　刀具添加结果

f. B 轴的添加和 B 轴模型添加。

右键单击左侧项目树中的“Base”即图标 *Base (0, 0, 0)*，然后选择“添加”中的“B旋转”，弹出如图 7-35 所示的对话框。（注意：B 轴是搭建在机床本体即 Base 之上，所以 B 轴的父系轴是 Base）

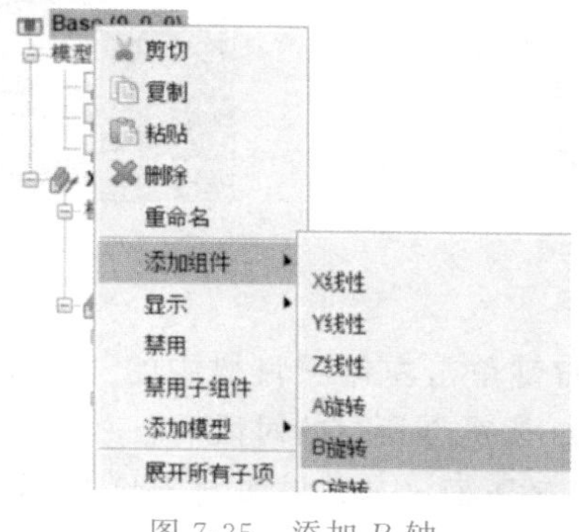

图 7-35　添加 B 轴

添加之后的结果如图 7-36 所示。

右键单击左侧项目树中的“B”即图标 B (0, 0, 0)，然后选择“添加模型”中的“模型文件”，并选择文件 B_AXIS. stl，并改变颜色。*B* 轴模型添加结果如图 7-37 所示。

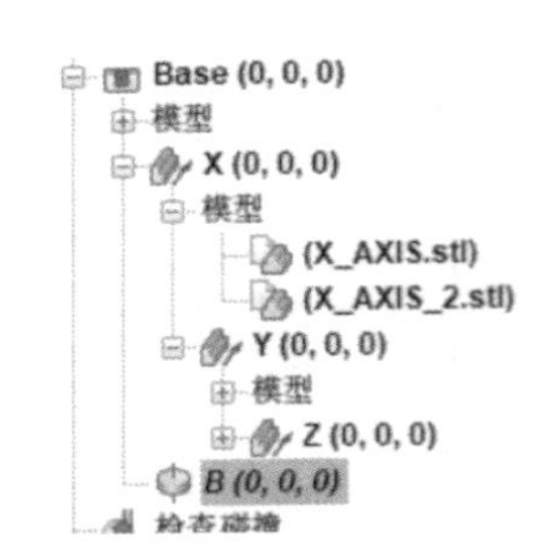

图 7-36　*B* 轴添加结果

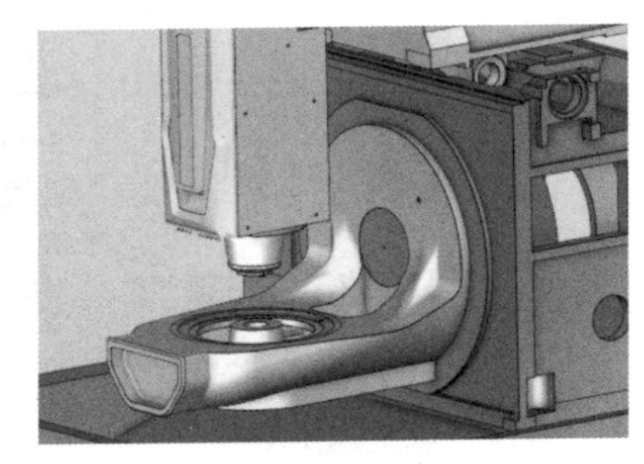

图 7-37　*B* 轴模型添加结果

g. *C* 轴的添加和 *C* 轴模型添加。右键单击左侧项目树中的“B”即图标 B (0, 0, 0)，然后选择“添加”中的“C 旋转”，弹出如图 7-38 所示的对话框。（注意：*C* 轴是搭建在 *B* 轴之上，所以 *C* 轴的父系轴是 *B* 轴）

右键单击左侧项目树中的“C”即图标 C (0, 0, 0)，然后选择“添加模型”中的“模型文件”，并选择文件 C_AXIS. stl 和 C_AXIS2. stl，并改变颜色。*C* 轴模型添加结果如图 7-39 所示。

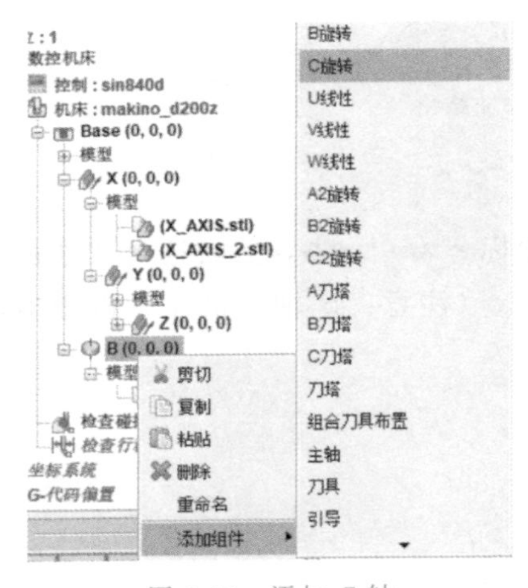

图 7-38　添加 *C* 轴

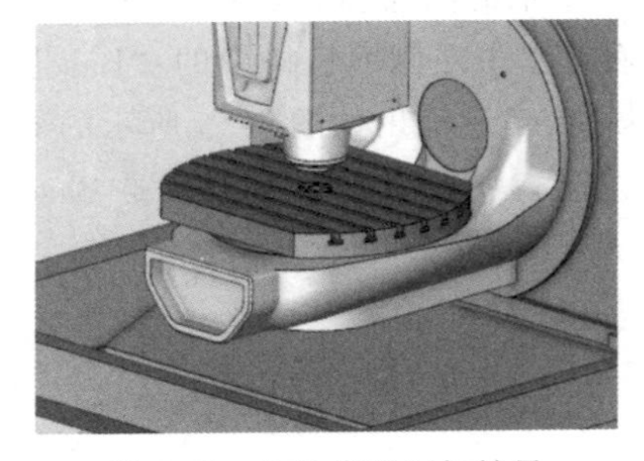

图 7-39　*C* 轴模型添加结果

h. 改变附属位置。右键单击左侧项目树中的“附属”即图标 Attach (0, 0, 0)，然后选择“剪切”，弹出如图 7-40 所示的对话框。

然后将附属粘贴在 *C* 轴下面，其结果如图 7-41 所示。［注意：附属（包括夹具、毛坯、设计模型）是搭建在工作台即 *C* 轴之上，所以附属的父系轴是 *C* 轴］

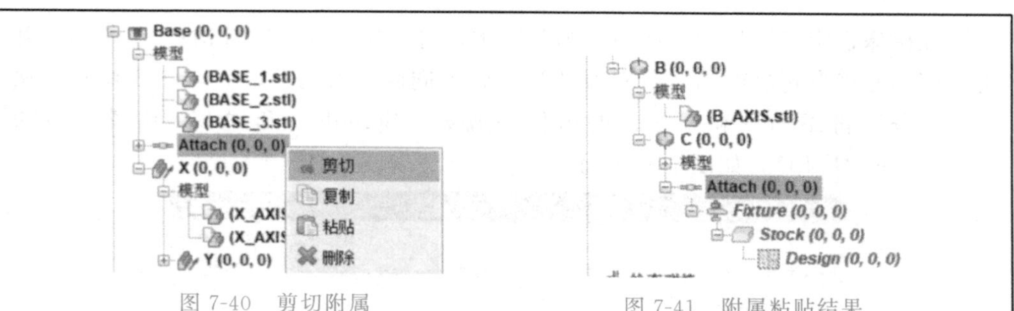

图 7-40　剪切附属

图 7-41　附属粘贴结果

② 机床的保存　右键单击左侧项目树中的“机床”即图标机床，然后选择“另存为”，如图 7-42 所示的对话框。机床文件名命为 DMU50，点击保存即可。

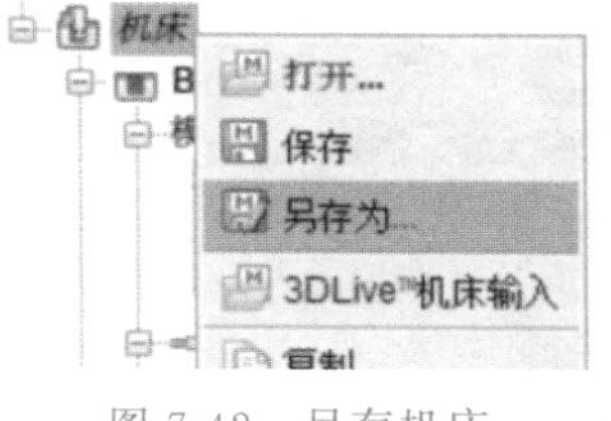

图 7-42　另存机床

③ 机床的配置

a. 机床设定。在主菜单“机床/控制系统”中单击“机床设定”，点击“机床设定”之后，弹出如图 7-43 所示的机床设定对话框。

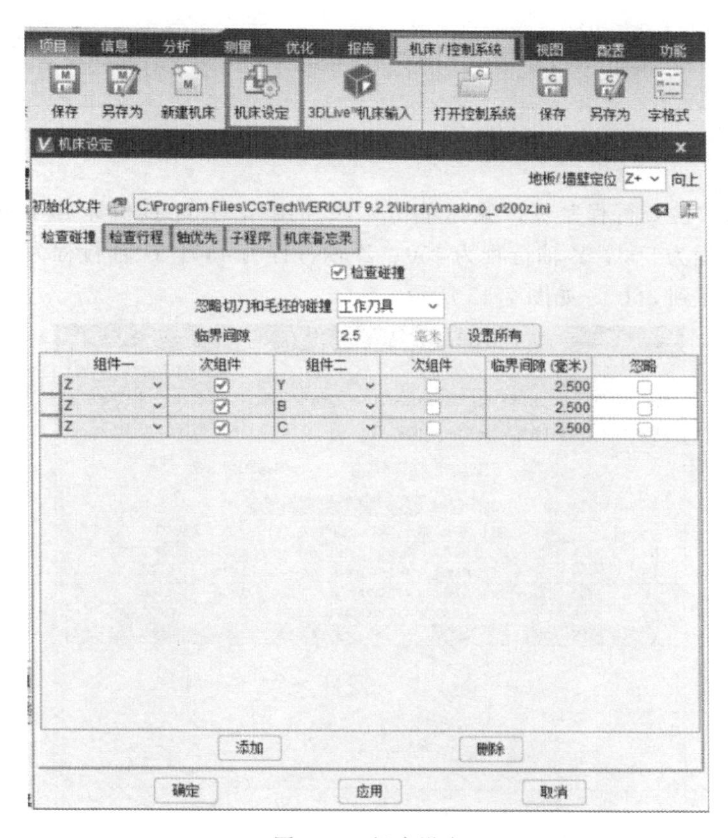

图 7-43　机床设定

在机床设定对话框的“碰撞检测”页中，将“碰撞检测”打钩；“忽略刀具和毛坯间的碰撞”选项改为“所有刀具”；“临界间隙”改为“5”；点击“添加”两次，并分别将添加一和添加二的组件一改为“Spindle”和“Z”，组件二改为“C”，点击“应用”，如图 7-44 所示。

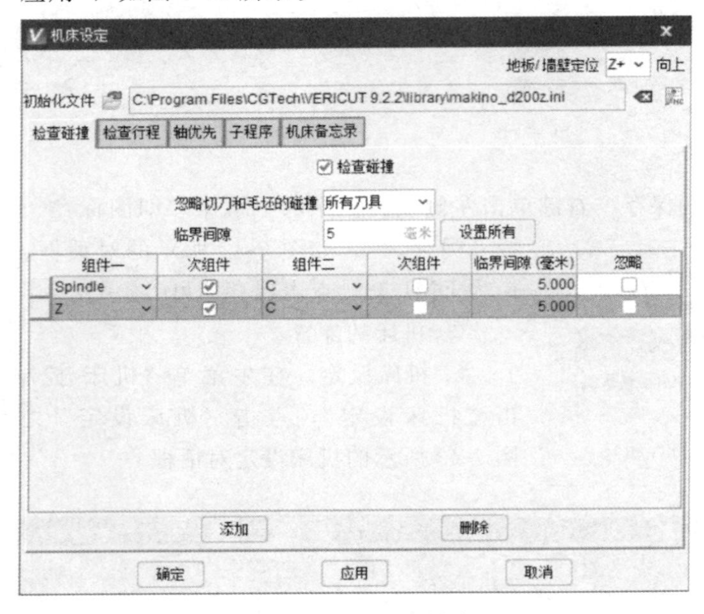

图 7-44 碰撞检测设定

切换到“检查行程”页，鼠标单击“添加组”，并配置机床各个轴的行程极限，X 轴行程为 500；Y 轴行程为 450；Z 轴行程为 450；B 轴行程为 $-5°$到 $110°$；C 轴行程为 $0°$到 $360°$，如图 7-45 所示。

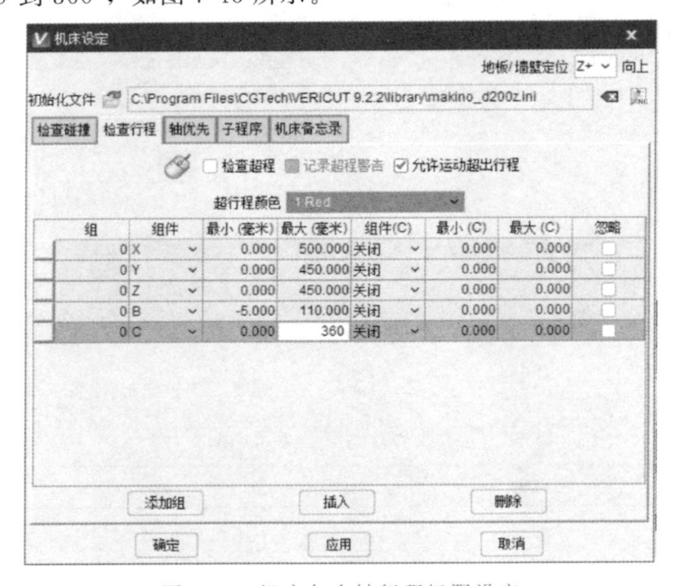

图 7-45 机床各个轴行程极限设定

最后点击“确定”，其他页按照默认设置即可。

b. 控制设定。在主菜单“机床/控制系统”中单击“控制设定”，在弹出的控制设定对话框中选择“旋转”页将B-轴旋转类型和C-旋转轴类型改为“EIA（360绝对）”，如图7-46所示。

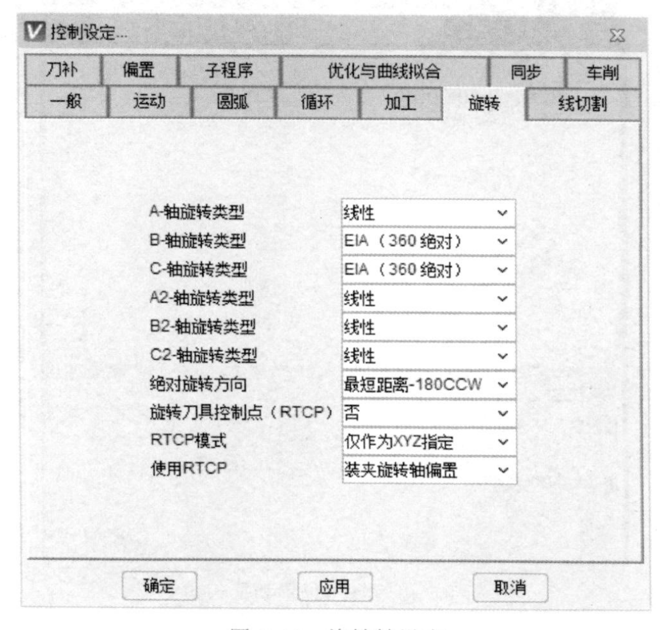

图7-46　旋转轴设定

c. 调整组件位置。在主菜单“项目”中选择“偏置”，然后选择“机床位置表”。弹出如图7-47所示的对话框。

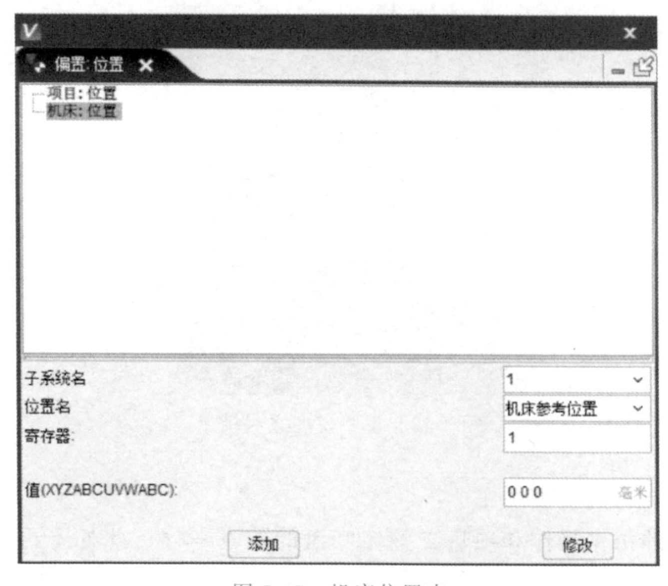

图7-47　机床位置表

在对话框下方的“位置名”处选择“初始机床位置”，在“值”处输入“X-450”点击添加。然后在“位置名”处选择“换刀位置”，在“值”处输入“X400”，点击添加。如图 7-48 所示。

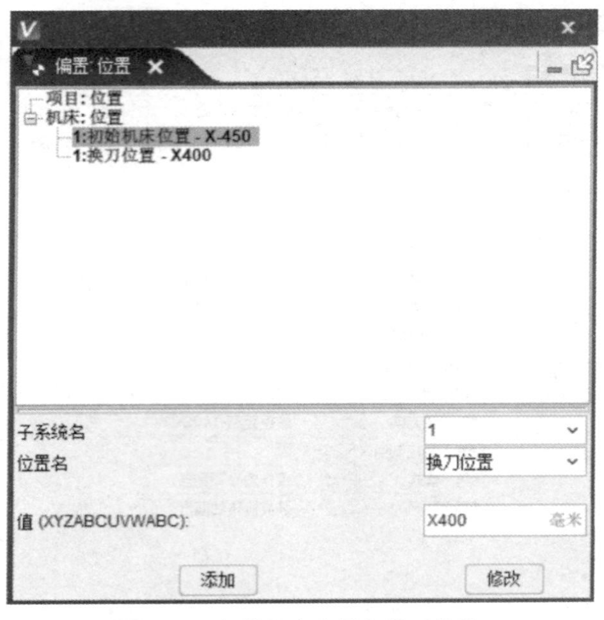

图 7-48　初始机床位置和换刀位置

完成上述工作之后，点击“重置”就会发现机床各轴自动回到设定的机床初始位置。如图 7-49 所示。

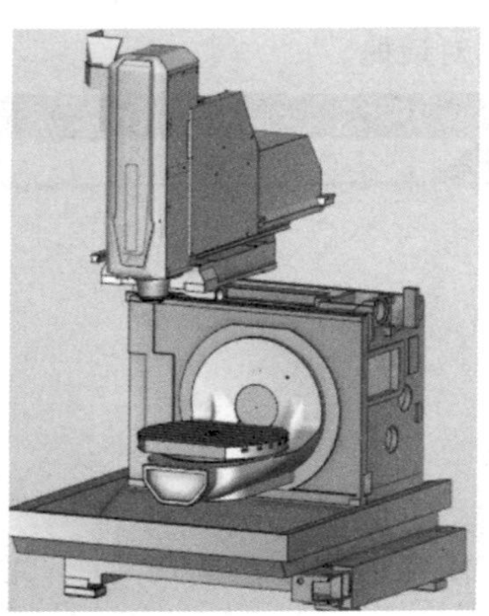

图 7-49　重置模型之后结果

(3) 离心叶轮的仿真加工

离心叶轮的仿真操作和项目二整体叶盘的仿真一样，此处不再详述。如有疑问请参考项目二。

三、任务小结

1. 关键知识点

本项目针对离心叶轮的加工，主要涉及 UG 五轴编程相关方法。

① 叶轮几何体类型的识别与正确选择；

② 叶轮专用模块的多轴编程；

③ 叶轮加工刀路延伸的含义与正确设置。

2. 注意事项

① 本项目案例的特点是具有复杂扭曲曲面和叶片壁薄的特点。由于叶片壁薄，加工过程中易产生变形和让刀现象，所以针对粗加工时下刀的位置就有一定的要求，最稳妥的办法是在两叶片的中间位置下刀。

② 对于叶根圆角的加工，编程过程中采用了刀具半径等于叶根圆角半径的方式加工。这样做的优点是叶片和根部圆角一次加工完成，节省了大量的清根时间。

拓展练习工作手册

教学模块	模块二　五轴加工编程
拓展练习	练习 7　整体涡轮盘的五轴加工编程
工作环境	计算机、UG NX 软件
练习级别	基础练习
团队成员	

一、基础任务描述

加工如图 7-50 所示零件，要求按单件生产设计其数控加工工艺方案，利用 CAM 软件（UG）编制该零件的数控程序。材料为钛合金 TC4。

① 要求按单件生产设计其数控加工工艺方案；

② 利用 CAM 软件（UG）编制该零件的数控程序；

③ 运用 VERICUT 完成基础练习的虚拟仿真加工。

图 7-50　基础练习

练习级别	进阶练习
团队成员	

二、进阶任务描述

加工如图 7-51 所示零件，材料为钛合金。要求：

① 按单件生产设计其数控加工工艺方案；

② 利用 CAM 软件（UG）编制该零件的数控程序。

图 7-51　整体涡轮盘

三、任务分析与实施

1. 工艺分析

(1) 装夹方案的确定

（2）加工工艺方案确定（见表7-2）

表7-2　数控加工工序卡片

数控加工工序卡片			产品名称		零件名称		材　料	零件图号	
工序		夹具名称			使用设备				
工步号	工步内容		刀具号	主轴转速/(r/min)	进给速度/(mm/r)	背吃刀量/mm	侧吃刀量/mm	驱动方法	刀轴

（3）刀具的确定（见表7-3）

表7-3　数控加工刀具卡

数控加工刀具卡片		工序	产品名称	零件名称	夹具名称	材料	零件图号
序号	刀具号	刀具名称及规格	刀尖半径/mm		加工表面		备注

2. 各工步关键加工参数及刀路轨迹截图

（1）工步1（截图）

（2）工步 2（截图）

（3）工步 3（截图）

（4）工步 4（截图）

3. 仿真加工结果截图

随堂测试

班级________　　　　　姓名________

单选题得分	判断题得分	总分

一、单选题（每题1分，共5分）

1. 下列属于UGCAM叶轮加工模块的是（　　）。

A. mill_planar　　B. mill_contour

C. mill_multi_axis　　D. mill_multi_blade

2. 下列不属于UG叶轮加工模块刀轴类型的是（　　）。

A. 优化后驱动　　B. 自动

C. 插补矢量　　D. 侧刃切削叶片

3. 以下不属于UG叶轮加工模块中叶轮几何体类型的是（　　）。

A. 轮毂　　B. 包覆

C. 叶角　　D. 叶根圆角

4. 以下不属于叶轮加工的特定条件是（　　）。

A. 五轴联动加工中心　　B. 叶轮编程专业软件

C. 适合的专用刀具　　D. 通用夹具

5. 以下属于叶轮叶型检测设备的是（　　）。

A. 游标卡尺　　B. 外径千分尺

C. 三坐标测量仪　　D. R规

二、判断题（每题1分，共5分）

（　　）1. 整体叶轮叶型的精加工与清根交线加工可以同时完成。

（　　）2. 加工中心是备有刀库并能进行自动更换刀具的数控机床。

（　　）3. 切削速度会显著地影响刀具寿命。

（　　）4. 工件材料强度和硬度较高时，为保证刀刃强度，应采取较小前角。

（　　）5. 工件坐标系的原点即“编程零点”与零件定位基准不一定非要重合。

考核评价

评价内容	考核点	配分	扣分点及扣分标准	自评 30%	互评 30%	师评 40%	得分
工艺规程（20分）	工步安排	6	工艺方案不合理、不优化，每处扣2分；不符合机械加工基本原则不得分				
	刀具选择	4	一处不当扣1分，扣完为止				
	切削用量	6	一处不当扣1分，扣完为止				
	文字表达	4	语言不规范、文字不简练，每处扣1分；表述错误，记0分				
项目作品（50分）	模型处理	10	模型处理不当，每处扣2分，扣完为止				
	加工方法	15	加工方法选择不合理，每次扣1分；加工方法创建错误，每处扣2分				
	参数设置	15	加工参数设置错误每处扣4分；不合理、不优化每处扣2分				
	仿真结果	10	仿真时有空刀扣5分；仿真时每碰撞一次扣2分；表面质量不好扣2～3分				
职业素养（20分）	出勤	5	迟到、早退一次扣0.5分，请假一次扣1分，旷课一节扣2分。缺勤达到本项目1/3学时则本项目按零分计				
	工作态度	3	课前任务完成一般扣1分；完成较差扣2分；完成很差或未完成该项不得分				
		3	课堂表现有序活跃、积极思考、踊跃回答和练习				
		2	实训过程细致、认真，积极帮助其他同学				
		2	服从老师及班干部、小组长安排，如有违反不得分				
	职业规范	2	实训场地干净、整洁；设备、人员安全有序；实训过程符合规范				
	团队协作 语言表达	3	积极主动协助其他成员完成任务，不代替他人完成任务；语言表达准确、术语规范、思路清晰、逻辑严谨、表达流畅				
随堂测试（10分）		10					
综合		100					

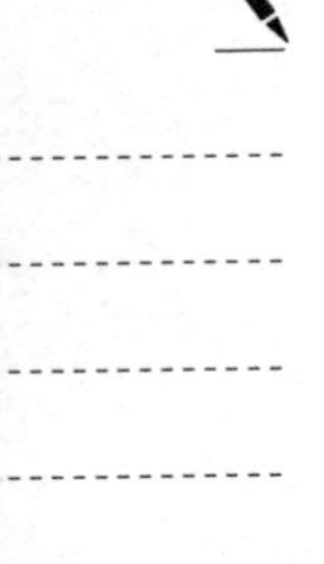

项目八 整流风扇的五轴加工编程

项目导入

整流风扇结构特点

整流风扇是航空发动机中涡扇发动机前端肉眼能看见的风扇叶片。风扇叶片的主要作用是把进入发动机的空气进行初步压缩，压缩后的气体分两路，一路进入内涵道进行继续压缩，一路流进外涵道直接高速排出，产生巨大的推力。涡扇发动机80%以上的推力都是由整流风扇直接排出外涵道的气体提供的。由于教学的需要本项目案例在真实的整流风扇的基础上做了部分教学化改造。

拟实现的教学目标

素质目标

1. 具备严谨、细致、精益求精的工匠精神；
2. 具有高度的责任意识、质量意识和安全意识；
3. 具备良好的沟通与协作能力，有良好的团队合作意识；
4. 强化践行航空报国、技能强国的使命担当。

知识目标

1. 掌握对复杂零件模型进行处理的方法；
2. 掌握综合使用多轴加工方法进行零件编程。

能力目标

1. 具备对复杂零件模型处理便于编程的能力；
2. 提高综合运用 UG 多轴加工编程的能力；
3. 能运用远离点刀轴完成编程；
4. 能实施整流风扇零件的五轴铣削编程。

对接“1+X”多轴数控加工职业技能等级证书标准（高级）技能要求：

1. 能根据机械加工工艺原则，使用机械加工工艺手册，结合零件及机床特点，完成零件的五轴数控加工工艺的编制；

2. 能根据工作任务的要求，使用CAD/CAM软件，完成数据模型的编辑与修复工作；

3. 能根据加工零件及数控机床的特点，运用数控加工刀具的理论知识，合理选择刀具的切削用量；

4. 能根据零件特点及工作任务要求，使用CAD/CAM软件，完成五轴联动加工编程。

课程思政——航空报国

讨论：作为新时代的技能人才如何体现自己的航空报国情？简述三点。

下达任务

远离、朝向点刀轴

任务描述

加工如图8-1所示零件，要求按单件生产设计其数控加工工艺方案，利用CAM软件（UG）编制该零件的数控程序。外围圆柱面和底部圆柱已加工到位，材料为铝合金。

图8-1 整流风扇

知识准备

【知识点】 远离、朝向点刀轴

1. 远离点

远离点指刀轴矢量反向聚焦到焦点的“可变刀轴”。“刀轴矢量”从定义的焦点离开并指向机床主轴，如图8-2所示。

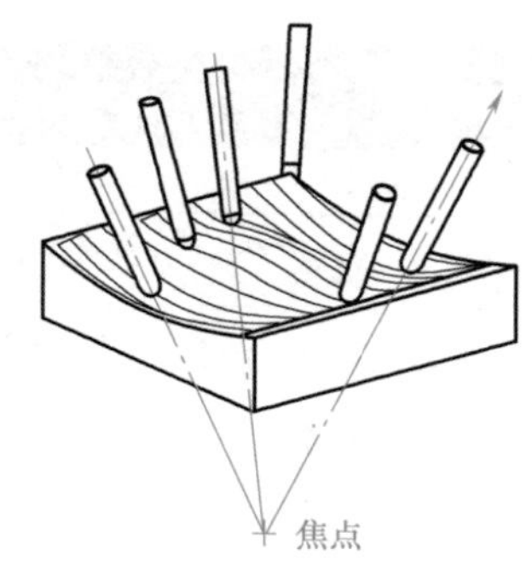

图 8-2　使用往复切削类型的远离点的刀轴

2. 朝向点

朝向点指刀轴矢量正向聚焦到焦点“可变刀轴”。“刀轴矢量”正向指向定义的焦点，如图 8-3 所示。

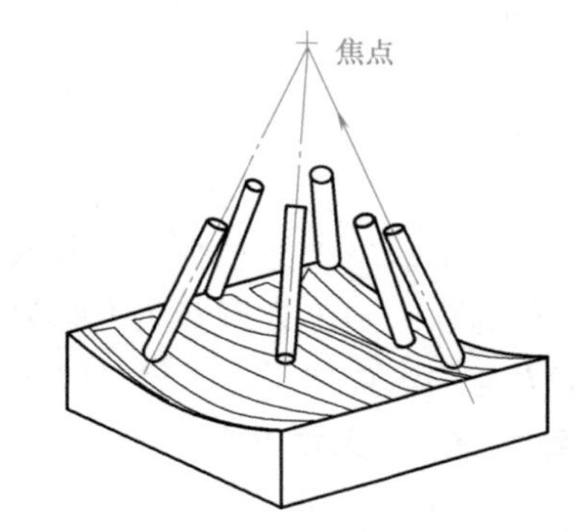

图 8-3　使用往复切削类型的朝向点刀轴

任务实施工作手册

教学模块	模块二　五轴加工编程
项目名称	项目八　整流风扇的五轴加工编程
工作环境	计算机、UG NX 软件

一、任务描述

加工如图 8-1 所示零件，外围圆柱面和底部圆柱已加工到位，材料为铝合金。要求：

① 按单件生产设计其数控加工工艺方案；

② 利用 CAM 软件（UG）编制该零件的五轴数控加工程序。

二、任务分析与实施

零件分析与准备工作

1. 工艺分析

该零件的综合性比较强，基本加工工艺根据零件特点大致分为 4 个部分。首先是叶片的外包覆面（从零件的顶端到下方圆盘处）的加工，其次是叶片上部整流罩的加工，然后是叶片下方与圆盘处加工，最后是叶轮叶型的加工。

2. 加工工艺方案及刀具的确定（见表 8-1）

表 8-1　数控加工工序卡片

数控加工工序卡片			产品名称	零件名称	材料	零件图号		
			整流风扇	整流风扇	AL7075	CSHY-FDJ-08		
工序	数铣	夹具名称	SXZY-08	使用设备		DMU50		
工步号	工步内容		刀具类型	刀具直径/mm	主轴转速/(r/min)	进给速度/(mm/min)	刀具名称	操作名称
1	外包覆面加工		立铣刀	$\phi 12$	5000	1500	D12	1
2	叶轮上方部位加工		球头铣刀	$R4$	8000	1600	R4	2
3	叶轮下方部位加工		球头铣刀	$R4$	8000	1600	R4	3
4	叶轮加工		球头铣刀	$R4$	8000	1600	R4	4

3. 各工步实施过程及关键加工参数设置

（1）整流风扇零件分析与准备工作

① 零件分析

通过分析距离、角度和局部半径，零加整体高度 73.29mm，下方圆盘上表面与水平面成 6°夹角，所有部位的圆角为 $R4$。

② 准备工作

毛坯创建：通过拉伸方式，先从下部圆盘下轮廓线向上拉伸 4mm，然后再从圆盘上轮廓线向上拉伸 55mm 并求和创建毛坯。

坐标系创建：进入加工模块，将“工序导航器”切换至“几何视图”。设置加工坐标系的 Z 轴与零件的轴线平行。

刀具创建：创建名称为 D12 的立铣刀和 $R4$ 的球头铣刀。

（2）外包覆面加工

① 模型处理

拾取叶片包覆面上的单条曲线做旋转，生成旋转面。然后将旋转面与竖直面相交，得到相交线，再将此相交线做旋转成实体。将此实体上表面向上偏置12mm，下表面向下偏置 25mm。将毛坯几何体复制至另一图层，将旋转并偏置的实体和毛坯实体做相交，得到外包覆面加工的部件几何体。如图 8-4 所示。

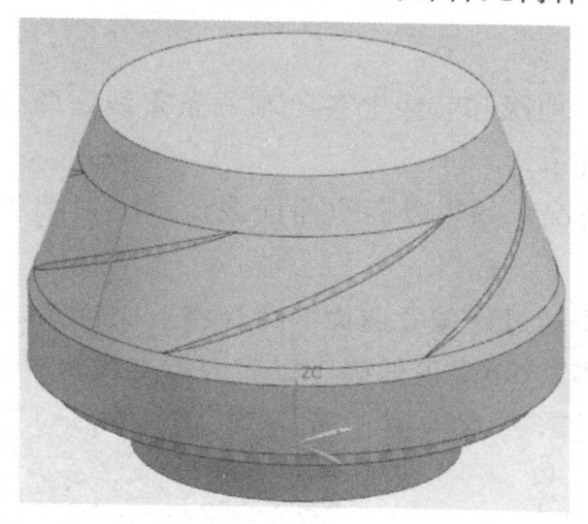

图 8-4　外包覆面加工的部件几何体

② 创建操作

单击“创建工序”，选择类型为“mill_multi_axis”，工序子类型为第一个“可变轮廓铣”，刀具选择“R8”，几何体选择“WORKPIECE”，名称设置为“1”。

③ 曲面驱动方法参数设置

曲面驱动方法参数中，选择创建的驱动曲面作为驱动几何体，“材料侧”指向外侧，“切削方向”顺时针从上到下；“切削模式”选择“往复”，“步距”选择“数量”，“步距数”设为“20”，“切削步长”设为“公差”，“内、外公差”设为“0.01”。

④ 其他参数设置

“刀轴”选择“侧刃驱动体”，“侧刃方向”平行于锥面母线向上。切削参数余量页中，“内、外公差”设置为“0.003”，其他参数默认；非切削移动参数转移/快速页中，“安全设置选项”设为“包容圆柱”，“距离”设置为“3”；进给率和速度参数中按照表 8-1 设置。产生出外包覆面加工刀路轨迹，如图 8-5 所示。

将此刀路进行 3D 验证，创建 IPW。在坐标系下再创建一个 WORKPIECE_1，将 IPW 设为 WORKPIECE_1 的毛坯。

（3）模型处理

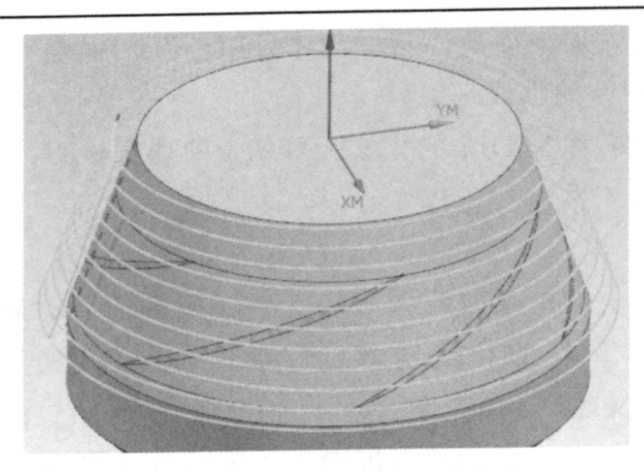

图 8-5　外包覆面加工刀路轨迹

模型处理

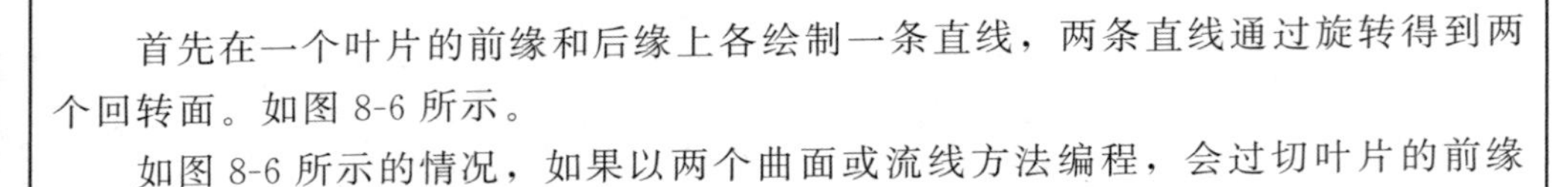

首先在一个叶片的前缘和后缘上各绘制一条直线，两条直线通过旋转得到两个回转面。如图 8-6 所示。

如图 8-6 所示的情况，如果以两个曲面或流线方法编程，会过切叶片的前缘和后缘。

基于以上原因，需通过“偏置曲面”命令将上回转面向上偏置 1mm，下回转面向下偏置一定的距离。(距离值的确定以后面相交线倒 $R4$ 圆角不交叉为准)

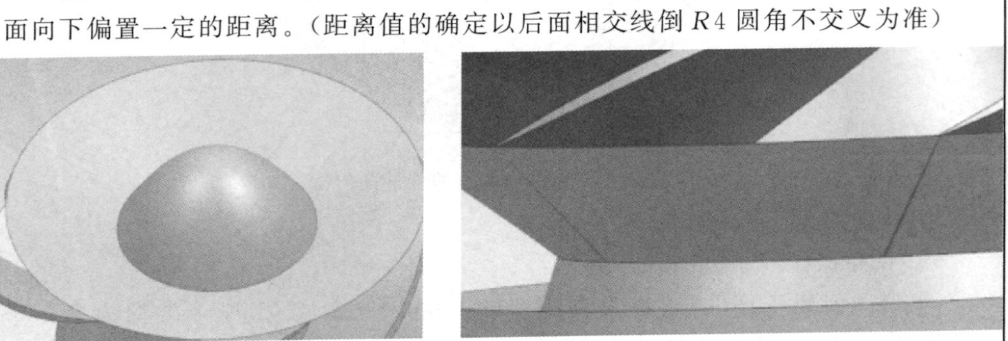
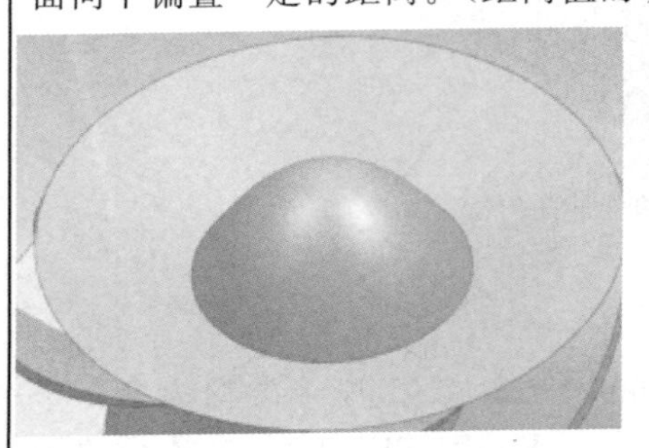

图 8-6　原始回转曲面

通过“相交曲线”命令，产生出轮毂面、两个回转后的偏置面以及与水平面成角度的圆盘面和竖直面的交线（注意取消关联功能）。结果如图 8-7 所示。

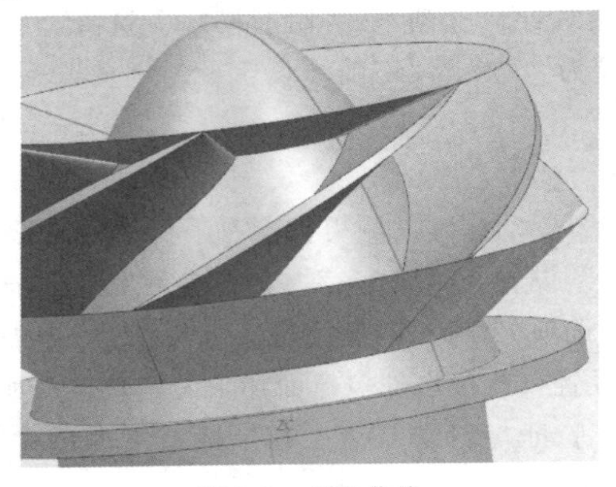

图 8-7　相交曲线

接下来，将上方两曲线倒 $R4$ 圆角、下方三曲线倒 $R4$ 圆角（注意：如果前面下回转面向下偏置的距离太大就会造成三曲线倒 $R4$ 圆角时产生交叉），如图 8-8 所示。

图 8-8　倒 $R4$ 圆角后的结果

以上曲线回转后形成的驱动曲面栅格是连续的（因为线型不一样），所以需要使用“连接曲线”命令将多段线合成一条曲线，最后将连接后的曲线回转就得到后续编程所需的驱动曲面。如图 8-9 所示。

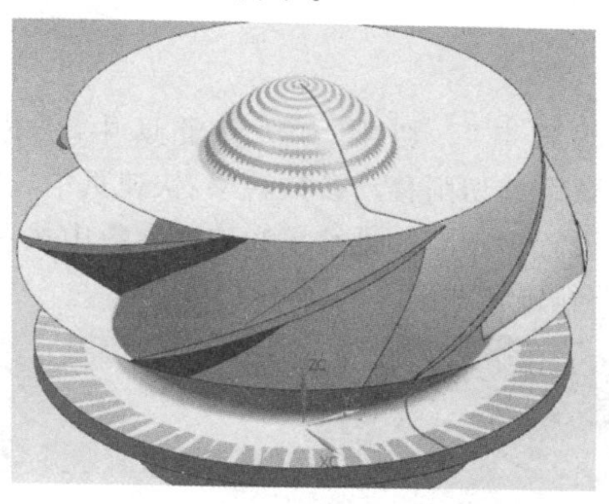

图 8-9　模型处理完成后的结果

最后将下部回转面和 6°圆盘面与竖直面交线的角平分线和零件轴线相交，产生的交点作为叶轮下方部位加工编程的刀轴点。

专题研讨： 创建下部回转面和 6°圆盘面与竖直面交线的角平分线的目的是什么？为什么必须创建角平分线？能否是其他任意线吗？请说明理由。

（4）叶轮上方部位加工

叶轮上方部位加工型腔铣开粗，固定轮廓铣曲面驱动精加工。这部分是三轴铣削编程知识，在此不做详细说明。如有疑问请扫描二维码观看视频。

（5）叶轮下方部位加工

① 创建操作

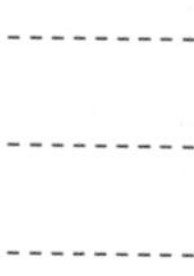

单击“创建工序”，选择类型为“mill_multi_axis”，工序子类型为第一个“可变轮廓铣”，刀具选择“R8”，几何体选择“WORKPIECE”，名称设置为“3”。

② 曲面驱动方法参数设置

曲面驱动方法参数中，选择创建的下方回转面作为驱动几何体，“材料侧”指向两面中间，“切削方向”如图 8-10 所示；“切削模式”选择“往复”，“步距”选择“残余高度”，“最大残余高度”设为“0.01”，“切削步长”设为“公差”，“内、外公差”设为“0.01”。

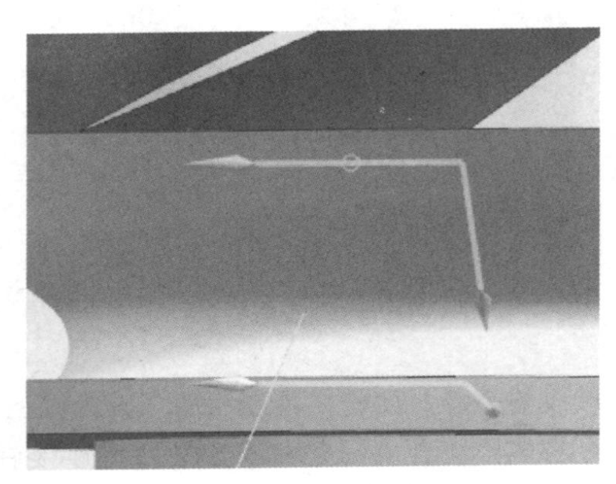

图 8-10 切削方向

叶轮加工

③ 其他参数设置

“刀轴”选择“远离点”。切削参数余量页中，“内、外公差”设置为“0.003”，其他参数默认；非切削移动参数转移/快速页中，“安全设置选项”设为“包容圆柱”，“距离”设置为“3”；进给率和速度参数中按照表 8-1 设置。产生出叶轮下方部位加工刀路轨迹，如图 8-11 所示。

图 8-11 叶轮下方部位加工刀路轨迹

(6) 叶轮加工

叶轮的加工编程参照项目七完成。注意：叶轮编程时要将 6°圆盘面作为干涉检查面。如有疑问请扫描二维码观看视频。

三、任务小结

1. 关键知识点

本任务针对整流风扇的加工，主要涉及 UG 五轴编程相关方法。

① 对复杂零件模型进行处理的方法；

② 综合使用多轴加工方法进行零件编程；

③ 远离点刀轴的使用。

2. 注意事项

① 本任务案例的编程既包含三轴，也包含五轴，但实际加工只需要在五轴加工中心设备上完成。除了叶轮上方整流罩外，其余部位均为五轴加工。

② 此零件模型的处理，既考查编程人员的处理思维，又考查编程人员的建模能力。处理思路的正确是基于创新、发散的思维以及大量的训练，而建模能力的强大是基于对相关命令和特点的熟悉，同样也需要大量的训练。

拓展练习工作手册

教学模块	模块二　五轴加工编程
拓展练习	练习 8　球头螺旋轴的五轴加工编程
工作环境	计算机、UG NX 软件
练习级别	基础练习
团队成员	

一、基础任务描述

加工如图 8-12 所示零件，要求按单件生产设计其数控加工工艺方案，利用 CAM 软件（UG）编制该零件的数控程序。材料为铁基高温合金。

① 要求按单件生产设计其数控加工工艺方案；

② 利用 CAM 软件（UG）编制该零件的数控程序；

③ 运用 VERICUT 完成基础练习的虚拟仿真加工。

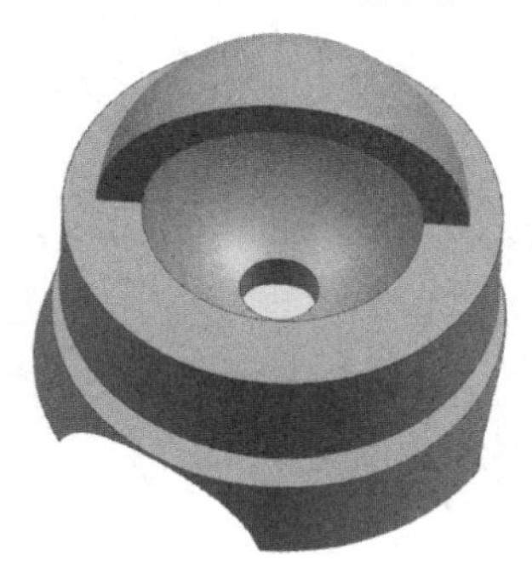

图 8-12　基础练习

练习级别	进阶练习
团队成员	

二、进阶任务描述

加工如图 8-13 所示零件，材料为铝合金。要求：

① 按单件生产设计其数控加工工艺方案；

② 利用 CAM 软件（UG）编制该零件的数控程序；

③ 运用 VERICUT 完成进阶练习的虚拟仿真加工。

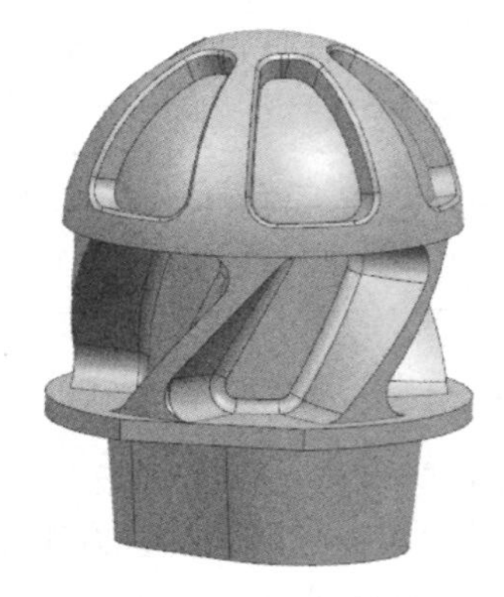

图 8-13　球头螺旋轴

三、任务分析与实施

1. 工艺分析

(1) 装夹方案的确定

（2）加工工艺方案确定（见表 8-2）

表 8-2　数控加工工序卡片

<table>
<tr><td colspan="2" rowspan="2">数控加工工序卡片</td><td>产品名称</td><td>零件名称</td><td>材　料</td><td colspan="4">零件图号</td></tr>
<tr><td></td><td></td><td></td><td colspan="4"></td></tr>
<tr><td>工序</td><td></td><td>夹具名称</td><td></td><td colspan="2">使用设备</td><td colspan="3"></td></tr>
<tr><td>工步号</td><td>工步内容</td><td>刀具号</td><td>主轴转速/(r/min)</td><td>进给速度/(mm/r)</td><td>背吃刀量/mm</td><td>侧吃刀量/mm</td><td>驱动方法</td><td>刀轴</td></tr>
<tr><td></td><td></td><td></td><td></td><td></td><td></td><td></td><td></td><td></td></tr>
<tr><td></td><td></td><td></td><td></td><td></td><td></td><td></td><td></td><td></td></tr>
<tr><td></td><td></td><td></td><td></td><td></td><td></td><td></td><td></td><td></td></tr>
<tr><td></td><td></td><td></td><td></td><td></td><td></td><td></td><td></td><td></td></tr>
</table>

（3）刀具的确定（见表 8-3）

表 8-3　数控加工刀具卡

<table>
<tr><td colspan="2" rowspan="2">数控加工刀具卡片</td><td>工序</td><td>产品名称</td><td>零件名称</td><td>夹具名称</td><td>材料</td><td>零件图号</td></tr>
<tr><td></td><td></td><td></td><td></td><td></td><td></td></tr>
<tr><td>序号</td><td>刀具号</td><td colspan="2">刀具名称及规格</td><td colspan="2">刀尖半径/mm</td><td>加工表面</td><td>备注</td></tr>
<tr><td></td><td></td><td colspan="2"></td><td colspan="2"></td><td></td><td></td></tr>
<tr><td></td><td></td><td colspan="2"></td><td colspan="2"></td><td></td><td></td></tr>
</table>

2. 各工步关键加工参数及刀路轨迹截图

（1）工步 1（截图）

（2）工步 2（截图）

（3）工步 3（截图）

（4）工步 4（截图）

3. 仿真加工结果截图

随堂测试

班级________　　　　姓名________

单选题得分	判断题得分	总分

一、单选题（每题1分，共5分）

1. 适宜加工形状特别复杂（如曲面叶轮）、精度要求较高的零件的数控机床是（　　）。

A. 两坐标轴　　　　B. 三坐标轴

C. 多坐标轴　　　　D. 2.5坐标轴

2. 立式五轴加工中心的回转轴有两种方式，工作台回转轴和主轴头回转轴。其中采用工作台回转轴的优势是（　　）。

A. 主轴加工非常灵活

B. 工作台可以设计得非常大

C. 主轴刚性非常好，制造成本比较低

D. 可使球头铣刀避开顶点切削，保证有一定的线速度，提高表面加工质量

3. （　　）可以实现一次装夹完成工件五面体加工。

A. 立式加工中心借助分度台　　　　B. 卧式加工中心借助分度台

C. 卧式加工中心借助回转工作台　　　　D. 五轴加工中心

4. 用平面铣刀铣削平面时，若平面铣刀直径小于工件宽度，每次铣削的最大宽度取（　　）为最佳。

A. 不超过刀具直径的50%　　　　B. 不超过刀具直径的75%

C. 不超过刀具直径的90%　　　　D. 等于刀具直径

5. 铣螺旋槽时，必须使工件作等速转动的同时，再作（　　）移动。

A. 匀速直线　　　　B. 变速直线

C. 匀速曲线　　　　D. 变速曲线

二、判断题（每题1分，共5分）

（　　）1. 切削用量中，影响切削温度最大的因素是进给速度。

（　　）2. 加工中心适宜于加工复杂、工序多，加工精度要求较高，且经多次装夹和调整的零件。

（　　）3. 数控铣床在进给系统中采用步进电机，步进电机按电脉冲数量转动相应角度。

（　　）4. 多轴编程时，需要注意的主要问题是避免干涉。

（　　）5. 组成零件轮廓的几何元素间的连接点称为节点。

考核评价

评价内容	考核点	配分	扣分点及扣分标准	自评 30%	互评 30%	师评 40%	得分
工艺规程（20分）	工步安排	6	工艺方案不合理、不优化，每处扣2分；不符合机械加工基本原则不得分				
	刀具选择	4	一处不当扣1分，扣完为止				
	切削用量	6	一处不当扣1分，扣完为止				
	文字表达	4	语言不规范、文字不简练，每处扣1分；表述错误，记0分				
项目作品（50分）	模型处理	10	模型处理不当，每处扣2分，扣完为止				
	加工方法	15	加工方法选择不合理，每次扣1分；加工方法创建错误，每处扣2分				
	参数设置	15	加工参数设置错误每处扣4分；不合理、不优化每处扣2分				
	仿真结果	10	仿真时有空刀扣5分；仿真时每碰撞一次扣2分；表面质量不好扣2～3分				
职业素养（20分）	出勤	5	迟到、早退一次扣0.5分，请假一次扣1分，旷课一节扣2分。缺勤达到本项目1/3学时则本项目按零分计				
	工作态度	3	课前任务完成一般扣1分；完成较差扣2分；完成很差或未完成该项不得分				
		3	课堂表现有序活跃、积极思考、踊跃回答和练习				
		2	实训过程细致、认真，积极帮助其他同学				
		2	服从老师及班干部、小组长安排，如有违反不得分				
	职业规范	2	实训场地干净、整洁；设备、人员安全有序；实训过程符合规范				
	团队协作 语言表达	3	积极主动协助其他成员完成任务，不代替他人完成任务；语言表达准确、术语规范、思路清晰、逻辑严谨、表达流畅				
随堂测试（10分）		10					
综合		100					

UG CAM 刀轴应用视频列表

刀轴类型	对应项目及知识点	视频二维码
远离直线	项目一　知识点三	远离、朝向直线刀轴微课
朝向直线		
投影矢量	项目一　知识点三	投影矢量微课
垂直于部件	项目二　知识点二	垂直或相对于部件刀轴微课
相对于部件		
侧刃驱动体	项目二　知识点三	侧刃驱动体刀轴微课
侧刃驱动体	项目二　知识点四	侧刃驱动体划线类型微课
流线驱动方法	项目三　知识点一	流线驱动方法的创建方式微课

刀轴类型	对应项目及知识点	视频二维码
4 轴，垂直于部件	项目三　知识点二	4 轴，垂直于部件或驱动体微课
4 轴，垂直于驱动体		
4 轴，相对于部件	项目三　知识点三	4 轴，相对于部件或驱动体微课
4 轴，相对于驱动体		
双 4 轴在部件上	项目三　知识点四	双 4 轴在部件或驱动体上微课
双 4 轴在驱动体上		
插补矢量	项目五　知识点一	插补矢量刀轴应用微课
相对于矢量	项目五　知识点三	相对于矢量刀轴应用微课
垂直于驱动体	项目六　知识点一	垂直或相对于驱动体刀轴微课
相对于驱动体		
远离、朝向点	项目八　知识点	远离、朝向点刀轴微课

参考文献

[1] 王聪梅. 航空发动机典型零件机械加工 [M]. 北京：航空工业出版社，2014.

[2] 刘自成，江和甫，舒发龙，等. 用于提高整体叶盘叶片表面质量的数控工艺 [J]. 航空制造技术，2008 (20)：95-97.

[3] 《航空制造工程手册》总编委会. 航空制造工程手册 [J]. 北京：航空工业出版社，1997.

[4] 刘艳. 叶片制造技术 [M]. 北京：科学出版社，2002.

[5] 姜雪梅. 盘轴制造技术 [M]. 北京：科学出版社，2002.

[6] 王聪梅. 机匣制造技术 [M]. 北京：科学出版社，2002.

[7] 王隆太. 先进制造技术 [M]. 北京：机械工业出版社，2021.

[8] 张定华，罗明，吴宝海，等. 航空复杂薄壁零件智能加工技术 [M]. 武汉：华中科技大学出版社，2020.

[9] 帅潮林，刘大炜，牟文平. 飞机结构件先进制造技术 [M]. 北京：机械工业出版社，2019.

[10] 叶卫文，赵利平，侯贤州. 发动机叶轮、叶片的五轴加工方法及参数改进研究 [J]. 造纸装备及材料，2021，50 (04)：33-35.

[11] 张浩，易良培，UG NX 12.0 多轴数控编程与加工案例教程 [M]. 北京：机械工业出版社，2020.

[12] 张志朋. 基于 UG 的数控多轴加工工艺优化设计研究 [J]. 黑龙江科学，2022，13 (10)：68-69.

[13] 李小明. NX 和 VERICUT 在多轴数控加工中的研究与应用 [J]. 模具制造，2021，21 (10)：75-78.

[14] 刘沛，刘静文，黄玉彤. 五轴机床的 RTCP 功能开发与应用研究 [J]. 制造技术与机床，2021 (05)：151-157. DOI：10.19287/j.cnki.1005-2402.2021.05.024.